Extrait de la REVUE ET MAGASIN DE ZOOLOGIE.
N° 1. — 1860.

NOTE

SUR QUELQUES

MAMMIFÈRES DU MEXIQUE

PAR

M. H. DE SAUSSURE.

L'examen de divers Mammifères que j'ai collectés au Mexique m'a donné des doutes sur l'identité de quelques-uns d'entre eux avec les espèces de l'Amérique méridionale auxquelles on pourrait les rapporter et avec celles du Mexique que les auteurs ont figurées.

Il est plusieurs de ces animaux que je ne trouve décrits nulle part et que je crois pouvoir considérer comme nouveaux.

Famille des Félides.

Felis mexicana. Fulvo-subcinerascens, nigro-maculata, ut in *F. macrura*, cui affinissima videtur, at minor; maculæ partis anterioris corporis magnæ, rariores et in medio fulvescentes; humeri fascia vel macula arcuata; pars corporis postica multi-maculata, maculis minoribus atris, vel fuscescentibus; dorsi medium duplici serie macularum elongatarum; cauda percrassa, fusco-8-annulata, apice fuscescens.

Ce Chat ressemble beaucoup aux petits Chats-Tigres de l'Amérique du Sud, et il se rapproche particulièrement des *Felis mitis*, *tigrina* et *macrura*, espèces qui sont elles-mêmes difficiles à distinguer. Il a le même genre de pelage, une couleur semblable, mais il en diffère par sa plus petite taille, par sa queue très-fournie et ornée d'anneaux noirs moins nombreux, et aussi par une moucheture un peu différente. Toutefois il serait bien difficile d'établir si ce Chat est une espèce spéciale propre au Mexique, ou si ce n'est qu'une variété de l'une des trois espèces précitées. C'est ce que les observations futures montreront, lorsqu'on pourra faire la comparaison d'un grand nombre de sujets.

La taille est inférieure à celle du Chat domestique. La couleur foncière est d'un fauve qui n'est pas doré, mais plutôt un peu grisâtre. On voit, comme chez tous les Chats de ce groupe, une tache blanche au-dessus de l'œil et une au-dessous de cet organe; la joue et la lèvre sont blanchâtres, avec une teinte fauve et des marques noires. Le dessous de la tête, les parties inférieures et la face interne des pattes sont de couleur blanche. La joue offre les deux lignes noires communes à toutes les autres espèces; mais ici elles forment des lignes régulières et zébrées; le haut de la gorge est aussi orné de la bande noire transversale, un peu interrompue. Le dessus de la tête est moucheté de noir. Il y a aussi les deux lignes noires qui partent de l'angle antérieur de l'œil et qui passent en dedans des oreilles en les contournant. Sur la nuque on voit deux lignes noires, et, de chaque côté du cou, une ligne qui part de l'oreille et qui s'étend jusqu'à l'épaule. Celle-ci est tachetée et barrée de noir. De chaque côté, une grande tache arquée descend de l'épaule sur le bras ; elle est bordée de noir et plus claire au milieu. Le milieu du dos est occupé par une double bande noire, interrompue par places, de façon à dessiner des taches allongées, juxtaposées deux à deux et séparées par une ligne fauve. Il y a, en outre, de chaque côté, une rangée de trois ou quatre grandes taches noires. Les flancs sont occupés par des taches grandes et peu nombreuses, dont le centre est clair ; mais toute la portion postérieure du corps, depuis les lombes, est couverte de taches noirâtres très-nombreuses et rapprochées, disposées en lignes multiples. Les pattes sont tachetées de noir et les doigts deviennent brun gris en dessus. Le dessous du ventre est tacheté, et la poitrine est barrée de brun. Les oreilles sont, comme chez les autres espèces, noires à leur face externe, avec une tache blanche. Les moustaches sont blanches, avec les trois ou quatre poils d'en haut noirâtres. La queue est *très-fournie*, bien plus grosse que chez les *F. mitis*, à peu près aussi grosse que chez l'Ocelot ; elle est ornée de huit anneaux bruns (qui s'effacent en dessous) très-distinctement marqués et très-grands, plus longs que les espaces fauves qui les séparent, surtout vers l'extrémité ; en outre, le bout de la queue, qui vient après le dernier anneau, est d'un brun pâle, avec plusieurs poils blancs à la base.

Dimensions d'un individu adulte pris sur l'empaillé : longueur du corps et de la tête, 17 pouces ; id. de la queue, 12 1/2 pouces.

Ce Chat se distingue surtout par la grosseur (peut-être aussi par la longueur) de sa queue et par les anneaux noirs peu nombreux de cette dernière ; car, chez les trois autres espèces voisines, on en remarque constamment onze. Les taches du corps, jusqu'au sacrum, sont grandes et peu nombreuses, comme chez le *F. mitis* (ou, du moins, l'espèce que je regarde comme telle). A l'épaule, on voit la bande arquée, comme chez le *F. tigrina*. L'extrémité postérieure du corps est couverte de taches plus nombreuses que dans aucune des trois autres espèces ;

ces taches sont assez petites, noires, et elles n'ont pas le centre plus clair. La moucheture le rapproche, sous ce rapport, du *F. tigrina* (1); mais, chez ce dernier, les taches sont brunes avec le milieu pâle, et le pelage a une couleur rousse, tandis qu'ici il est d'un fauve pâle, plutôt un peu grisâtre.

L'espèce que je crois être le *F. macrura* a des taches beaucoup moins nombreuses à l'arrière du corps; elle offre, à la nuque, cinq lignes noires distinctes, qui ne se retrouvent pas avec cette régularité chez notre espèce.

Ce Chat habite la zone chaude du Mexique; il a été tué près d'Alvarado, sur le golfe du Mexique.

Famille des Mustellides.

Mephitis leuconota (?), Licht., ♀. Notre individu est intermédiaire entre la *M. leuconota* et la *M. meso euca;* il a la taille de la seconde, qui est de la grandeur d'un Chat, comme l'indique Lichtenstein. Ses formes sont grêles. Le museau est allongé, nu en dessus, et la peau nue se prolonge en arrière en forme d'angle. Le pelage est long et fourni, noirâtre. Le milieu du dos est occupé par une large bande blanche qui se termine angulairement sur le crâne, à peu près au milieu de la distance qui sépare les yeux des oreilles. Cette bande devient de plus en plus étroite sur le sacrum et au croupion, puis elle envahit la queue, qui, dans ses deux tiers postérieurs, est entièrement blanche, mêlée de poils sales. Dans son premier tiers, la queue est noire et n'offre de blanc que la bande médiane. A la partie postérieure du dos et au croupion, on trouve, sur la ligne médiane, des poils noirs qui forment des taches cachées sous les poils blancs de la bande dorsale. La queue est plus longue à proportion que chez la *M. leuconota*. — Longueur du corps et de la tête jusqu'à

(1) La détermination de ces espèces m'a laissé quelques doutes.

l'origine de la queue, 15 à 16 pouces. — Queue, 9 à 10 pouces.

Cet animal vit dans les toits et greniers des habitations du Mexique.

Son aspect correspond assez bien à la figure que Lichtenstein donne de la *M. leuconota*, si ce n'est que la bande blanche commence plus en arrière sur le crâne. Mais la queue est plus longue, et la taille est presque de moitié plus petite. Cependant le crâne de notre individu indique qu'il est bien adulte. Celui-ci n'offre que trois molaires à la mâchoire supérieure; sa longueur est de 2 pouces 10 lignes.

Je ne sais s'il faut considérer cette Méphitis comme une variété de la *M. leuconota* ou comme une espèce séparée. Dans ce cas, on pourrait la nommer *intermedia*.

Famille des Viverrides.

Bassaris Sumichrasti. — Fulvo-nigrescens; fulvo et nigro mixta; subtus albido-fulvescens; ore et pedibus fusco-nigris; caudæ nigræ basi (minus quam in *B. astuta*) pallide annulata. Pl. I.

Taille plus grande que chez la *B. astuta*. Pelage d'un fauve presque citron mêlé de beaucoup de noir; les deux couleurs formant presque des marbrures dans toute l'étendue du corps. Sur le dos, le noir domine; sur les flancs, c'est plutôt le jaunâtre moucheté ou marbré de noir. En dessous, le pelage est jaunâtre. La tête est grise en dessus et variée de noir. Tout le museau est d'un brun noirâtre; cette couleur se prolonge jusqu'entre les yeux, où les poils sont mouchetés de blanc, ayant toutefois la pointe noire. Le tour des yeux est obscur; en dessus et en arrière, on voit une tache grise ou fauve. Les joues, sous les yeux, sont de cette même couleur grise; l'espace compris entre les joues et les oreilles est plus obscur, gris-brun. Le front est gris, entouré d'une zone plus obscure ; toutes ces parties, sauf le museau, sont mouchetées. Les oreilles sont obtuses et arrondies au bout, garnies de poils gris-fauves ; la base de leur face externe est garnie de poils bruns plus longs. L'occiput est moucheté de noir et de gris-jaunâtre, presque comme le dos, mais le noir y domine. Le menton est brun ou noirâtre jusqu'à la hauteur de la première molaire ; le dessous est brun ou noirâtre, devenant jaunâtre sur les côtés ; la gorge et les côtés du cou sont d'un fauve blanchâtre, ainsi que la poitrine. Le long des côtés du cou, à la limite des deux couleurs, on voit une bande plus noirâtre, qui devient presque tigrée à l'origine de la patte antérieure. Les pattes antérieures ont une couleur générale grise, résultant du mélange de gris-fauve et de gris-noirâtre; leur face interne est fauve, presque jusqu'à l'origine des doigts. Les pattes postérieures offrent en dehors la même couleur que le dos, mêlée de fauve et de noirâtre ; leur face interne est plus pâle ; les pieds sont noirs et offrent du gris-fauve à leur face supérieure, jusqu'à l'origine des doigts. La queue est de la longueur du corps, très-fournie, noire; elle présente cependant, dans sa première moitié, quatre ou cinq anneaux gris-fauves, recouverts par les longs poils des annelures noires.

Longueur du corps, 17 à 18 pouces; de la queue, 17 pouces, sans compter les poils terminaux. — Distance de l'œil au bout du museau, 17 à 18 lignes. — Longueur de la jambe antérieure depuis le coude jusqu'au carpe, 2 pouces 6 ou 7 lignes.

Les poils de la tête sont gris-blanchâtres, avec la pointe noire; ceux du corps, fauves-soufrés avec la pointe longuement noire ; à la face externe des pattes antérieures, les poils sont semblables à ceux de la tête, et, aux pattes postérieures, ils ressemblent à ceux du corps. Les poils des parties inférieures sont fauves avec la pointe plus rousse. Les poils de la queue sont noirs, sauf ceux des anneaux gris, qui n'ont de noir que la pointe.

Cet animal habite les greniers dans la région chaude du Mexique.

Il se distingue de la *B. astuta*, Licht., par son pelage noirâtre et non gris-pâle, par la teinte soufrée de ses poils fauves, par sa queue plus fournie, plus longue et noire, par son museau noir, par les taches grises peu dessinées autour des yeux, par ses pieds noirs. On le reconnaît de suite à sa couleur générale noirâtre, bien différente de celle de la *B. astuta*, dont le pelage est de couleur gris-fauve-pâle. (Nous possédons de cette dernière plusieurs individus représentant tous les âges.)

La tête osseuse offre des différences parfaitement définies; elle est plus large que chez la *B. astuta*. Les arcades zygomatiques sont plus écartées, plus arquées et plus fortes ; la ligne médiane du crâne est occupée par une forte crête qui se bifurque en avant et dont les branches vont aboutir aux deux apophyses supra-orbitaires, lesquelles ont plus de 3 lignes de longueur. Les quatre incisives supérieures moyennes offrent, à leur face antérieure, un double sillon. Les trois prémolaires supérieures sont écartées ; la deuxième et la troisième ne se touchent pas. La carnassière est bien plus courte que chez la *B. astuta ;* son talon est aussi moins oblique et moins aigu. La première molaire a son talon beaucoup moins étroit, en sorte que sa surface est moins grande, et la deuxième est plus longue que chez l'espèce citée. Quant à la mâchoire inférieure, elle offre la plus grande ressemblance dans les deux espèces; toutefois, chez la *B. Sumichrasti*, la deuxième molaire est plus large.

Cette description est prise sur un très-vieil individu.

Famille des Myrmécophagides.

Myrmecophaga tamandua (?), Desm. (Var. *Mexicana*, Sauss.) — Cet animal, qui n'a, je crois, été signalé encore que dans l'Amérique méridionale, habite aussi les forêts de la côte du Mexique, dans le district de Tabasco, au S E. de la province de Mexico, etc. Les individus que nous possédons, originaires de ce pays, ont la tête, le cou, la portion antérieure du tronc, les quatre pattes, le croupion et la queue fauves ; le corps est noirâtre, avec une bande fauve sur la ligne médiane du dos, qui va diminuant en arrière et qui se perd sur le sacrum ; il offre sur chaque épaule une bande noire en forme de bretelle qui s'arrête sur l'épaule sans revenir sur la poitrine. Le tour de l'œil et les côtés du museau sont gris-bruns. Les portions inférieures du corps, depuis le bas de la gorge, sont brunes, surtout sur le ventre. La queue est longue, longuement annelée de gris et de fauve ; elle est garnie de poils presque jusqu'au milieu.

Le crâne d'un vieil individu, comparé au crâne d'un *Tamandua* du Brésil, offre certaines différences qu'il est intéressant de noter. 1° Le museau est plus grêle, plus allongé et plus comprimé, cylindrique, les os maxillaires supérieurs étant placés plus bas. — 2° Les os nasaux sont aussi longs que le frontal ; les os palatins sont moins longs que la portion des maxillaires placée au delà. — 3° Les os nasaux s'articulent aux frontaux par une ligne transversale à peine sinueuse, tandis que chez le *Tamandua* du Brésil la symphyse forme un W (mais ceci est moins important). — 4° Les branches inférieures de la mâchoire sont plus larges à la base, etc.

Le tableau suivant rendra compte de ces proportions différentes.

	TAMANDUA du Mexique.	TAMANDUA du Brésil.
Longueur moyenne des os nasaux (1).................	0m,046	0m,038
Id. des frontaux............	0m,048	0m,050
Id. des palatins............	0m,040	0m,049
Distance depuis le bord antérieur des palatins jusqu'au bout des maxillaires......	0m,046	0m,036

Il résulte de la comparaison de ces mesures que, chez notre individu du Mexique, la longueur des os nasaux est à celle des frontaux comme 46 : 48 (ils sont donc presque égaux), tandis que chez ceux du Brésil le rapport est de 38 : 50, soit comme 4 : 5.

Le rapport de longueur entre les os palatins et la portion palatine des maxillaires est, chez celui du Mexique, comme 40 : 46, soit 8 : 9, et, chez ceux du Brésil, comme 49 : 36, ce qui est le rapport inverse.

Les apophyses maxillo-palatines sont aussi sensiblement plus courtes chez l'individu du Mexique, où elles n'ont que 11 à 12 mill., tandis que chez le *Tamandua* du Brésil de même taille elles ont 16 mill., soit 1/3 de plus. Chez un second individu du Mexique plus jeune, quoique adulte, on remarque les mêmes rapports, mais les os nasaux sont un peu moins longs à proportion ; la symphyse est aussi plus sinueuse que chez l'adulte. Les peaux ont exactement la même livrée. Chez le plus jeune, la queue est garnie de poils fauves dans toute sa longueur ; ceux-ci disparaissent, sans doute, par l'usure dans un âge plus avancé, ou peut-être aussi selon la saison.

Le plus grand de nos individus est très-adulte, les deux frontaux étant soudés en un seul os et n'offrant presque plus de trace de la suture. Il est plus petit que les Tamanduas adultes du Brésil.

(1) En prenant la moyenne dans le W décrit par la symphyse de ces os avec les frontaux.

Longueur du corps (la tête comprise) jusqu'à la naissance de la queue, 20 à 21 pouces ; longueur de la queue, 22 à 23 pouces. Longueur de la tête osseuse, 4 pouces 10 lignes.

Plus petit individu : longueur du corps, 15 pouces ; idem de la queue, environ 15 pouces. — Chez celui-ci, les parties brunes sont moins étendues, et les poils bruns ont la pointe fauve, ce qui fait que cette teinte se mêle au brun du dos.

Famille des Cavides.

Dasyprocta mexicana. Nigra, albido-tessellata, sine ullo coloris fulvescentis vestigio ; dorsi linea, clunes longe omninoque nigro-pilosi ; jugulum et ventris pars postica alba ; pectus brunneum, albo-tessellatum ; spatium cinereum (vel fuscum) in interna carporum facie. Caudæ longitudo, 8 lin.

La couleur du fond du pelage est noire, mais sur les côtés elle devient brunâtre ; le corps est presque tout entier semé de petites mouchetures blanches qui tiennent à ce que les poils sont annelés de blanc ; toutefois la ligne du dos est dépourvue de mouchetures.

La tête est revêtue d'un poil couché, noir sur le sommet, brunâtre sur les côtés ; chacun des poils envisagé isolément offre près du bout un espace blanc, mais la pointe redevient noire. Sur la ligne médiane du crâne, les poils sont plus longs, et il se mêle des poils entièrement noirs aux poils mouchetés de blanc. Le tour des yeux est presque nu ; les lèvres sont nues, garnies d'un fin duvet gris ou brun. La moustache est noire. Les oreilles sont arrondies au bout, avec leur bord postérieur un peu excisé ; elles sont garnies de poils bruns ras et peu abondants, surtout rares en dedans. Le dessous de la tête et la gorge sont blancs, et les poils qui couvrent ces parties sont blancs dans toute leur étendue. Les poils qui revêtent les côtés du corps et du cou sont assez longs; ils ont leur base brune et le reste de leur étendue noir, avec deux anneaux blancs, l'un placé près de leur base, l'autre près de leur extrémité; toutefois celui-ci est souvent aussi placé sur le milieu du poil ou manque totalement. Il résulte de la superposition de ces poils une moucheture très-dense sur les flancs et sur les côtés du cou. Le milieu de la partie postérieure de la tête et la ligne du dos dans toute son étendue sont garnis de très-longs poils *entièrement noirs*. Ceux qui avoisinent immédiatement la bande noire du dos sont très-longs aussi et ne portent qu'un seul anneau blanc près du bout. L'épaule et la cuisse postérieure sont mouchetées plus densément que les flancs; leurs poils n'offrent qu'une seule mouche blanche vers le bout et sont plus courts que ceux des flancs. La bande noire du dos s'élargit vers la partie postérieure du corps, et ses poils s'allongent; sa couleur finit par envahir tout le sacrum et toute la partie postérieure du corps qui correspond aux fesses, lesquelles sont également garnies de très-longs poils entièrement noirs. Le dessous du cou, la poitrine et le commencement du ventre sont mouchetés de blanc et de brun, les deux couleurs s'équilibrant à peu près. Sur la poitrine, les poils, envisagés isolément, sont brun clair dans leur première moitié et blancs dans la seconde; plus en arrière ils sont bruns avec un long anneau blanc qui atteint presque la pointe; enfin à la partie postérieure du ventre, au pubis et entre les cuisses, ils deviennent entièrement blancs, ou blancs avec la base grise, ce qui donne au pelage de ces régions une couleur blanche. Chez certains individus (♂ ?) le blanc s'étend en avant jusqu'au sternum et au delà, et la poitrine est alors assez pâle. Les pattes antérieures sont noirâtres, mouchetées de blanc en dehors et en dessus, blanchâtres en dedans et en dessous (les poils étant blancs avec la base grise). A la face interne du pied on voit une grande tache grisâtre ou brune, à poils ras, qui commence au-dessus du carpe et qui s'étend jusqu'à l'origine de l'index. Le reste des pieds est noirâtre, avec de fines mouchetures blanches sur les côtés. Les jambes postérieures (tibias) sont noires postérieurement, densément tiquetées antérieurement. Les pieds postérieurs sont noirs avec quelques poils blancs épars et avec une fine moucheture vers l'origine de l'index. La petite queue, qui reste cachée dans les poils, est d'un noir luisant ; elle atteint 8 lignes de longueur. Longueur du corps 17 pouces ; — id. du cubitus, 2 pouces 10 lignes ; — id. du pied antérieur, 1 pouce 10 lignes ; — id. du tibia 3 pouces 10 lignes ; — id. du pied postérieur, 4 pouces. — Distance de l'œil au bout du museau, 2 pouces. Longueur de la tête osseuse, 3 pouces 11 lignes ; largeur, 1 pouce 9 lignes. Distance de l'orbite au bout du museau, 1 pouce 7 lignes. Ces mesures sont la moyenne de celles que j'ai prises sur trois individus en peaux et empaillés.

Ce charmant petit animal habite la zone chaude du Mexique. Sa chair est un excellent manger, et on le chasse comme, chez nous, les lièvres ; mais il est beaucoup plus difficile à atteindre, à cause de sa grande agilité et des bonds prodigieux au moyen desquels il franchit les obstacles.

Il est, du reste, d'un caractère très-doux. Lorsqu'on le prend jeune, il s'apprivoise facilement, et son extrême propreté fait qu'on peut le laisser courir librement dans les maisons. J'ai rapporté un de ces animaux vivant en Europe, mais les bonds énormes par lesquels il franchissait les tables et renversait les objets des appartements, lorsqu'un étranger lui causait quelque épouvante, m'ont obligé de m'en défaire. Je l'ai donné à la ménagerie du muséum, où il est mort peu de temps après.

On pourrait être tenté de voir dans cet Agouti le *D. nigra* de Gray, dont la figure correspond assez bien à notre espèce. Mais celui-ci paraît être le même que le *D. fuliginosa*, Wagl., qui est lui-même peut-être une variété du D. *cristata*, Desm., lesquelles espèces ont du jaunâtre dans leurs poils, tandis que notre espèce a ses mouchetures franchement blanches. De plus, l'espèce de Gray a les poils du dos blancs à leur base, tandis que la nôtre les a entièrement noirs. Il serait, du reste, impossible de déterminer avec précision des mammifères sur des descriptions aussi incomplètes que celles dont l'auteur a trop souvent fait usage (1).

FAMILLE DES LÉPORIDES.

Lepus callotis, Wagl. — Cette espèce (si c'est bien elle) se trouve abondamment dans les montagnes de la province de Mechoacan. — Notre individu offre le bord interne des oreilles longuement cilié de poils fauve pâle. Le bord externe est blanc, ainsi que la moitié de la face postérieure de l'oreille dans son tiers terminal. La moitié externe de la face postérieure vers le bout est, au contraire, brunâtre, puis perlée. Le blanc et le gris-fauve sont limités par une ligne droite, au contact de laquelle le gris devient jaunâtre. Le bout de l'oreille se trouve compris dans la zone blanche. En descendant le long du bord interne, on trouve d'abord un espace gris-fauve, puis un espace noirâtre, qui s'arrête là où commencent les longs cils jaunâtres.

FAMILLE DES SCIURIDES.

Spermophilus grammarus ? Say. — Un individu tué sur le plateau du Mexique pourrait, à la rigueur, se rapporter à cette espèce. Il correspond parfaitement à la description qu'en donne Sp. Baird (Explorations a Survey for a Rail-

(1) On peut en juger par la description suivante du *D. nigra* :
« Noir, moucheté de blanc ; épaules et hanches plus noires. Pattes noires ; gorge grise ; ventre un peu plus gris. Poils du dos allongés couchés et blancs à leur base. »

road route from Mississipi riv., etc., t. VIII, p. 310); mais il offre, dans le pelage, des différences qui indiquent peut-être une espèce distincte.

La face externe des oreilles est garnie de poils bruns, un peu mouchetés de fauve, tandis que l'interne n'est garnie que de poils fauves. Le dessus de la tête est très-foncé, peu moucheté; les deux teintes du corps sont peu fortement prononcées. La queue est mêlée de fauve-pâle et de noir, le fauve dominant; mais on n'y remarque pas les trois annelures noires décrites par Baird; en dessous seulement, depuis le milieu, on découvre 6 bandes noires transversales peu régulières. Les poils de la queue sont gris-blanchâtres avec 3 ou 4 annelures noires, leur base et leur pointe étant toujours pâles. L'iris est noir.

Les Spermophiles habitent en grande abondance les plaines du plateau du Mexique; le plus commun est le *Sp. mexicanus*. Beulloch avait déjà signalé la quantité de ces animaux que l'on voit courir dans les plaines du plateau de Perote (*Le Mexique* en 1823, II, 71).

FAMILLE DES MURIDES.

Tribu des **Hespéromyens**, ou Rats du nouveau continent. (*Sigmodontes*, Baird.)

Molaires $\frac{3}{3}$, *diminuant de grandeur de la* 1re *à la* 3e, *munies de racines, à lames compliquées, offrant, avant d'être usées, deux rangées longitudinales de tubercules* (1).

Le Mexique nourrit, comme les parties plus septentrionales de l'Amérique, de nombreuses espèces de Rats indigènes. Celles de ces espèces que nous faisons connaître ici rentrent toutes strictement dans les genres, tels que Sp. Baird les a définis (2), qui servent à classer les Hes-

(1) Chez les Rats de l'ancien continent, on trouve trois rangées longitudinales de tubercules.

(2) *Explorations a Surveys for a railroad route from Mississipi riv. to the Pacific ocean*, etc., VIII, 445.

péromyens des États-Unis. Sous le rapport des petits Mammifères, la Faune du Mexique offre, en général, une analogie remarquable avec celle des États-Unis, tandis que par les grands elle rappelle plutôt celle de l'Amérique méridionale.

G. Hesperomys, Waterh.

Les espèces que nous a fournies le Mexique rentrent toutes dans le sous-genre Hesperomys proprement dit de Baird (l. c., p. 458), qui est caractérisé par la longueur de la queue, par des ongles peu propres à fouir, et par l'absence de crête osseuse au bord supérieur des orbites. Le tableau suivant facilitera la détermination de ces espèces.

I. Plante des pieds postérieurs nue; queue grêle, écailleuse, peu poilue, de la longueur de la tête et du corps, ou plus courte; poil doux, mais long et hérissé, couleur en dessus mélangée de brun et de jaunâtre; ventre blanc ou plombé; moustaches très-courtes. . . *toltecus.*

II. Plante des pieds garnie de poils jusqu'au dernier tubercule, queue grêle, écailleuse, peu poilue, ne se terminant pas par un pinceau de longs poils.

1. Queue plus longue que la tête et le corps, ventre jaunâtre. . . . . *fulvescens.*

2. Poil velouté, gris, avec un peu de roux sur les côtés. . . . . *mexicanus.*

3. Poil velouté, roux-orangé, avec le dos brunâtre. . . . . *aztecus.*

III. Queue assez grosse, plus longue que le corps et la tête, terminée par un pinceau de poils longs et abondants. Couleur ferrugineuse, ou brunâtre sur le dos; poils du ventre blancs jusqu'à la base. . . . . . *Sumichrasti.*

Chez les espèces septentrionales, on remarque la tendance à prendre les pieds blancs, et souvent même les pattes antérieures tout entières. Celles du Mexique offrent, au contraire, la tendance à avoir la couleur brune du dos prolongée sur la face externe des pattes antérieures et même sur les pieds jusqu'à l'origine des doigts.

Ier GROUPE. *Plante des pieds postérieurs nue ; queue nue, peu poilue. Pelage long. Moustaches très-courtes.* (Deilemys (1).)

H. TOLTECUS, pl. IX, fig. 3*a*.— Subhispidus, pilis elongatis, fusco-nigrescentibus, apice flavescentibus; corpus fuscum, flavo tessellatum ; pedes postici supra ejusdem coloris ; venter et corpus subtus albicantia ; auriculæ parvæ, extus subnudæ, intus valde pilosæ ; cauda bicolor, par corpori longitudine; mystaces brevissimi.

Cette espèce est plus grande que l'*H. mexicanus*, mais sensiblement plus petite que le Rat noir (*Mus rattus*). Elle offre exactement les mêmes caractères que l'*H. mexicanus* pour la conformation des pieds et pour la manière dont le museau est garni de poils. Mais les oreilles sont plus petites, non-seulement à proportion, mais même absolument parlant ; elles sont beaucoup plus cachées dans le poil, où elles disparaissent en grande partie. Les incisives sont aussi beaucoup plus fortes et plus larges que chez l'espèce citée. Tout le corps, y compris la tête, est couvert de longs poils qui lui donnent un air hérissé (*hispidus*). Cependant la fourrure n'est pas rude au toucher, mais la longueur exceptionnelle des poils fait qu'ils ne sont pas très-bien couchés, et leurs pointes un peu relevées les font ressembler à des soies roides. La couleur est un brun-noirâtre mêlé de jaunâtre ou de brun-jaunâtre. Toutes les parties supérieures, y compris la tête, sont presque bicolores ; la couleur générale est brune, et le jaunâtre forme un tiqueté plus pâle sur le brun. Cette apparence tient à ce que les poils sont noirâtres, avec la pointe assez longuement jaunâtre, et, comme ils sont plus allongés que fournis, les pointes jaunes ne suffisent pas

(1) Δείλη, ης, crépuscule ; — μῦς, Rat.

pour masquer le noir de leur base. Sur le dos, les deux couleurs se balancent presque, quoique le noir domine ; sur les flancs, le jaunâtre domine beaucoup et devient pâle ; sur les fesses, il domine et devient généralement plus roux. Le ventre et les parties inférieures, le menton et le dessous de la tête, à partir de l'angle de la bouche, sont blancs ; mais ici aussi la couleur de la base des poils se mêle au blanc, parce que ceux-ci sont longs et peu abondants. Ces poils sont d'un gris peu foncé, avec la pointe longuement blanche. Du mélange de ces deux couleurs il résulte un blanc-grisâtre peu foncé (vu la teinte peu foncée de la base des poils). Le blanc du ventre ne se fond nullement avec le brun des flancs ; la ligne de démarcation des deux couleurs est, au contraire, nettement accusée. Les pattes de devant ont toute leur face externe brune, mêlée de fauve et de poils blancs ; mais les pieds en dessus sont gris-brun moucheté de jaunâtre et non blancs comme chez la plupart des *Hesperomys*. Les pattes postérieures sont fortes ; les pieds sont grisâtres en dessus, garnis de poils bruns, par-dessus lesquels sont des poils blancs longs et couchés. La queue est longue, mais moins à proportion que celle de l'*H. mexicanus* ; sa longueur est égale à celle du corps sans la tête (ou même un peu plus considérable) ; elle est écailleuse et distinctement bicolore, les poils de sa face dorsale étant bruns et ceux de la face inférieure gris. *Les moustaches sont très-courtes ;* elles n'atteignent que jusqu'à l'oreille, et sont composées de poils bruns très-fins. A leur face interne, les oreilles paraissent nues, sauf près de leur bord antérieur, où elles sont revêtues de poils noirâtres distincts ; leur face externe, au contraire, est fortement poilue, garnie, dans toute son étendue, de longs poils bruns, à pointe fauve, assez semblables à ceux qui couvrent les pattes antérieures près du pied.

Variétés. Certains individus ont les poils moins longs, moins roides et d'un brun plus marron, avec une teinte grise. D'autres, au lieu d'être d'un brun-noirâtre moucheté de jaunâtre, passent au blond un peu fauve (1). La face supérieure des pieds antérieurs est tantôt de la couleur du corps, tantôt parsemée de poils blancs. Parfois les flancs deviennent gris-brun clair, ou bien ils tirent au fauve, mais sans aucune teinte rougeâtre, comme celle qui se voit chez l'*H. mexicanus*.

Voici les mesures comparatives de quatre individus empaillés :

Nos	Tête et corps.	Queue.	Pied postérieur.	Portion libre de l'oreille (2).
1	0m,130	0m,094	0m,035	0m,011
2	0 ,123	0 ,090	0 ,030	0 ,010
3	0 ,120	0 ,095	0 ,027	0 ,010
4	0 ,107		0 ,027	

Habite la Cordilière de la province de Véra-Cruz.

Cet Hesperomys me semble devoir se rapprocher du sous-genre *Oryzomys*, Baird, par la longueur de ses poils, la petitesse de ses oreilles, et la plante presque nue des pieds postérieurs ; mais le bord des orbites ne forme pas de crête ; les tubercules des pieds antérieurs sont grands, et je n'ai pas trouvé le très-grand sixième tubercule des pieds postérieurs, qui est un des caractères des *Oryzomys*.

Il se distingue facilement de l'*H. mexicanus* et de la plupart des autres espèces : 1° par ses oreilles petites et très-poilues en dedans ; 2° par ses poils très-longs, son aspect hérissé et les deux couleurs de son pelage, qui forment une espèce de moucheture vague sur le corps et sur toute la tête ; 3° par sa plus grande taille ; 4° par la couleur de ses poils, qui ne sont ardoisés qu'à la base, puis noirâtres et enfin jaunâtres au bout ; 5° par ses moustaches *beaucoup plus courtes ;* 6° par ses pattes antérieures moins

(1) Le crâne que j'ai étudié appartient à un de ces individus qui ne me paraissent pas différer spécialement.

(2) Mesurée à sa face postérieure.

blanches en dessus; 7° par la teinte assez uniforme de ses parties supérieures, sans trace de ferrugineux et sans bande fauve ou ferrugineuse sur les flancs. — La brièveté des moustaches de ce Rat suffirait, du reste, pour le faire distinguer de toutes les espèces suivantes.

IIe Groupe. *Plante des pieds garnie de poils jusqu'au tubercule postérieur. Queue grêle, écailleuse, peu poilue, ne se terminant pas par un pinceau. Moustaches longues.* (Hesperomys.)

Chez toutes les espèces de ce groupe, la longueur des doigts se gradue comme chez l'*H. leucopus*. Le 3e est le plus long, puis vient le 4e, puis le 2e. Aux pieds postérieurs, l'ordre de grandeur des orteils est le même; toutefois les orteils 2-4 sont presque d'égale longueur, surtout le 3e et le 4e. Le premier orteil est très-petit; il n'atteint pas la 2e phalange du 2e orteil. La paume de la main a cinq tubercules, et la plante du pied postérieur est munie de tubercules disposés comme l'*H. leucopus*. Le dessous du pied postérieur est garni de poils jusqu'au niveau du tubercule postérieur et même au delà. — Le pouce de la main est rudimentaire, et porte un ongle plat assez semblable à celui de l'homme, comme cela se voit chez tous les Hesperomys de l'Amérique septentrionale.

H. fulvescens. — Fulvescens; supra fusco-fulvescens, in lateribus fulvescens, subtus albido-fulvescens; caput subtus albidum. Cauda corpore et capite longior. Pedes albidi, subfulvescentes; postici graciles, elongati, calce fusca.

Seulement de la grandeur de la Souris d'Europe. Formes grêles; pattes postérieures très-longues; pieds postérieurs grêles et allongés, ainsi que les doigts. Queue très-longue, plus longue que le corps et la tête pris ensemble. — Le pelage de cette petite espèce est long, doux, mais un peu hérissé, non velouté, comme chez les *H. leucopus* et *mexicanus*. Sa couleur est un brun-fauve roussâtre sur le dos, et cette couleur résulte d'un mélange de brun et de roux-fauve. Sur les côtés, la teinte devient graduellement plus pâle et plus fauve et finit par passer à la couleur fauve-pâle qui couvre toutes les parties inférieures. Il n'y a pas de ligne de démarcation entre la couleur du ventre et celle des flancs ; ces couleurs se fondent. Le dessous de la tête seul est blanchâtre. Le dessus de la tête tire légèrement au grisâtre. Les pattes sont d'un fauve pâle, tant en dehors qu'en dedans, et les pieds sont blanchâtres, tout en conservant une teinte fauve. La plante des pieds est garnie de poils jusqu'au tubercule postérieur, mais le talon est gris-brun. La queue est grise, écailleuse, peu poilue, et, pour cette raison, indistinctement bicolore; néanmoins on voit que les poils de la face inférieure sont blanchâtres. Les moustaches sont assez longues, noirâtres, avec quelques poils gris. Les oreilles, assez petites, sont garnies de poils bruns peu abondants. La base de tous les poils du corps est ardoisée, mais la pointe devient longuement rousse ou fauve. — Longueur du corps et de la tête, 0^m,071; de la queue, 0^m,092; des pieds postérieurs, 0^m,021.

Habite le Mexique.

Cette espèce sera facile à reconnaître à la couleur fauve de ses parties inférieures. Pour la couleur, elle se rapproche beaucoup de l'*H. Nuttali*, Harl., mais elle a la queue plus longue; ses oreilles ne sont pas ferrugineuses et la couleur du poil paraît être un peu plus foncée.

H. MEXICANUS, pl. IX, fig. 1, 1*a*. — Velutinus, griseus, murinus; in lateribus paulum fulvescens, frequenter subferrugineus; subtus albidus, pectore et mento fulvescentibus ; pedes antici albidi; auriculæ permagnæ; cauda corpore longior; mystaces elongati.

Cette espèce est d'une taille intermédiaire entre celle de la Souris et du Rat noir. Elle est couverte d'une fourrure bien fournie, dont les poils sont doux et veloutés. La tête est conique, allongée; la lèvre supérieure est fendue jusqu'au nez ; le museau est pointu et garni de poils jusqu'au bout du nez, en sorte qu'il ne reste de nu que le septum. Les oreilles sont très-grandes, très-larges, mais plus hautes que larges, arrondies, quoique le milieu de leur bord supérieur fasse un peu saillie. La queue est longue ; elle a presque la longueur du corps et de la tête pris ensemble (quelquefois elle est seulement plus longue que le corps). Les pattes sont très-longues, surtout les postérieures, et l'animal est haut sur jambes. Le pelage est d'un gris de Souris brun-noirâtre, avec une teinte argentée, très-légère, sur le dos, qui tient à ce que l'*extrême* pointe des poils est d'un gris-fauve (1). La tête est un peu moins foncée et les joues deviennent gris ferrugineux. La teinte fauve du corps devient toujours plus prononcée sur les côtés. Vus par leur reflet, ceux-ci paraissent gris fauve ; ils contiennent aussi plus ou moins de fauve. Les pattes sont de ce même gris-fauve à leur face externe. Les lèvres et le menton sont d'un gris-fauve pâle, et toutes les parties inférieures sont d'un blanc grisâtre, qui paraît plombé, à cause de la couleur ardoisée de la base des poils. Le blanc du ventre est assez nettement séparé du gris-fauve des flancs. La poitrine et le devant de l'épaule sont lavés de fauve. Les pieds antérieurs sont blancs (ou grisâtres) ; les postérieurs sont bruns, avec l'extrémité et les orteils blancs. — Les poils du corps sont tous d'un gris-ardoisé obscur ; ceux du ventre se terminent par une assez longue pointe blanche ; ceux des flancs deviennent obscurs, puis fauve pâle au bout ; ceux du dos deviennent bruns, avec l'extrême pointe d'un fauve argenté. Dans le nombre, il s'en trouve qui sont entièrement bruns. Les oreilles sont en apparence nues, quoique couvertes de poils ras. Le bord antérieur de la face externe n'offre aussi si que des poils ras. La queue est écailleuse, fort peu garnie de poils ; ceux-ci sont noirs à la face dorsale, blancs à la face inférieure. Les moustaches sont très-longues, noirâtres ; elles atteignent ou dépassent l'épaule.

Variétés. D'autres individus offrent un pelage plus fauve.

(1) Ce n'est que l'extrême bout du poil qui offre cette teinte.

Les côtés du corps deviennent ferrugineux, et cette couleur est très-prononcée sur les flancs à la séparation du blanc et du brun, où elle forme presque une bande orangée pâle. Les côtés et le dessous de la tête, ainsi que la poitrine et l'épaule, sont fortement lavés de fauve ferrugineux. Chez d'autres, au contraire, la couleur ferrugineuse est très-peu prononcée.

Mesures de deux individus.

Tête et corps	0^m,109	0^m,097
Queue	0 ,108	0 ,077
Pied postérieur	0 ,026	0 ,025
Hauteur des oreilles à leur face externe	0 ,015	0 ,013

Habite les mêmes régions que les précédents.

Cet Hesperomys est facile à distinguer de l'*H. toltecus*. Il en diffère : 1° par sa plus petite taille ; — 2° par son pelage doux, à poils courts et serrés ; — 3° par la couleur ferrugineuse dont ses flancs sont lavés et qui, parfois, forme presque une bande ; — 4° par la grandeur de ses oreilles qui paraissent être nues en dedans ; — 5° par la longueur des moustaches, par ses pieds antérieurs blancs, etc.

Il diffère de l'*H. aztecus* par son pelage beaucoup moins roux, car, quoique ses flancs soient un peu lavés de ferrugineux, cette couleur est très-peu apparente. La couleur générale est assez celle de la Souris, c'est elle qui domine, et le fauve des flancs lui est très-subordonné.

H. AZTECUS, pl. IX, fig. 4. — Supra fusco-ferrugineus, dorso medio fuscescente, lateribus ferrugineis, capite fusco-rufescente; subtus albidus; pedes albidi, postici grisescentes, basi fusci; cruscula antica extus rufescentia, postica rufo-fusca, apice fuscescentia; cauda perlonga; obscure-bicolor; auriculæ magnæ.

De la taille de l'*H. leucopus*. Un peu plus petit que l'*H. mexicanus* et lui ressemblant par ses oreilles grandes et nues. — Le pelage, en dessus, d'un brun lavé de roux, assez brun au milieu du dos et devenant toujours plus roux sur les côtés. Les joues, les épaules et les flancs d'un roux-cannelle un peu orangé; le dessus de la tête passant au roux. La lèvre supérieure, et toutes les parties inférieures d'un blanc pur, paraissant plombé, vu la couleur grise de la base des poils. La séparation entre le blanc et le roux formant une ligne parfaitement nette. Face externe des pattes, ferrugineuse; aux pattes antérieures cette couleur s'arrêtant un peu avant le pied, lequel est blanchâtre (quelquefois gris). Les pattes postérieures plus brunâtres; le pied blanchâtre, avec le premier tiers brun-gris en dessus. La plante du pied postérieur fortement garnie de poils jusqu'au premier tubercule. Le bord des yeux souvent plus brun que les joues. La queue longue, écailleuse, garnie de poils couchés, bruns en dessus, blanchâtres en dessous. Les moustaches longues, brunes. — Tous les poils du corps sont ardoisés à la base, avec la pointe brune, ferrugineuse ou blanche, selon la région qui les porte. Souvent la couleur brune du dos est assez prononcée pour dessiner presque une bande; souvent aussi le pied postérieur est gris-brun jusqu'aux doigts et mêlé de poils blancs. — Longueur de la tête et du corps, $0^m,095$; de la queue, au moins (1) $0^m,090$; du pied postérieur, $0^m,022$; des oreilles mesurées en dehors, $0^m,012$.

Même patrie que les précédents.

Var. Le roux des flancs est quelquefois très-vif; d'autres fois il est plus pâle et plus gris.

Sur une simple description cette espèce pourrait être confondue avec l'*H. mexicanus*, mais elle s'en distingue par sa plus petite taille, par son pelage d'un brun roux et non d'un brun-marron noirâtre; par ses flancs qui sont d'un ferrugineux cannelle ainsi que la face externe des pattes antérieures. Cette couleur est très-prononcée : elle

(1) Elle a perdu son extrémité terminale chez nos trois individus.

s'étend jusque sur le dos, sur les joues, et se mêle au brun du crâne, tandis que chez l'*H. mexicanus* la teinte rousse n'est qu'un simple lavé. — L'*H. mexicanus* est un Rat *gris*, tandis que l'*H. aztecus* est plutôt un Rat *roux*.

IIIe Groupe. — *Plante des pieds garnie de poils, jusqu'au tubercule postérieur. Queue très longue, épaisse, poilue et terminée par un pinceau de longs poils. Le 4e orteil le plus long* (*Nyctomys*) (2).

Cette section a été indiquée par Baird, et comprend déjà deux espèces septentrionales qui ont la queue bicolore.

Il n'en est pas ainsi chez le représentant mexicain de ce groupe, dont je donne ici la description :

Celui-ci a la queue très-poilue et distinctement unicolore. De plus, il offre ce caractère remarquable que le 4e orteil est un peu plus long que le 3e, et que le 5e est très-grand, aussi long que le 3e. La queue est très-grosse (1).

H. Sumichrasti, pl. ix, fig. 2, 3. — Rufus, subtus albus; auriculæ elongatæ; mystaces elongati, nigrescentes; cauda perlonga, corpore cum capite longior, unicolor, fusco-rufopilosa, apice hirsuta, peniculo pilorum elongatorum; pedes antici albidi, postici obscuriores, digito 4° maximo, 5° elongato.

La taille de cette espèce est un peu inférieure à celle de l'*H. mexicanus*. La tête est large, mais le museau est très-pointu. Les moustaches sont très-longues ; elles dépassent l'épaule. Les oreilles sont longues, mais pas très-larges ; leur hauteur est bien plus considérable que leur largeur.

(1) Νύξ, νυκτός, nuit; — μῦς, Rat.

(2) Le facies de l'espèce qui suit rappelle beaucoup celui des *Perognathus*, à cause de la queue poilue, terminée par un pinceau de poils hérissés. Le pelage lui-même ressemble à celui des Rongeurs de ce groupe, car les poils du ventre sont blancs jusqu'à la base, sans aucune teinte ardoisée, comme cela se voit chez plusieurs *Perognathus*. Il semble donc qu'il y ait, chez les *Hesperomys* du 3e groupe, une certaine tendance vers ce genre, quoique leur dentition $+\frac{3}{3}$ de mol. leur assigne incontestablement leur place parmi les Hespéromyens.

La queue est assez grosse, cylindrique, plus longue que la tête et le corps. Les pieds postérieurs sont courts, larges, et leur plante est garnie de poils dans leur première moitié ou leur premier tiers. Les orteils sont longs, le 4e est le plus long; puis viennent le 3e et le 5e, puis le 2e, et enfin le premier, qui est très-court. Les pieds de devant sont conformés comme chez les autres *Hesperomys*. Le poil est doux et bien fourni; sa couleur est un roux-bai isabelle, ou orange pâle uniforme, seulement un peu plus clair sur les flancs et au museau. Toutes les parties inférieures, ainsi que le menton et le bas des joues, en arrière des moustaches, sont d'un blanc pur. Ce blanc ne se fond pas avec le roux, mais les deux couleurs se terminent brusquement. Le museau est d'un roux pâle, garni d'un duvet blanchâtre, mais tout ce qui dépend de la mâchoire inférieure est blanc. Le roux descend le long de la face antérieure des pattes de devant, et devient toujours plus étroit jusqu'à l'origine de la main, où il s'arrête. Les mains ainsi que les orteils sont gris blanc; mais le pied postérieur est, en dessus, d'un brun-roux pâle Les poils des parties inférieures sont *entièrement blancs* jusqu'à la racine; ceux des parties dorsales sont couleur d'ardoise, avec la pointe assez longuement rousse. La queue est assez abondamment garnie de poils bruns, ou brun roux; ces poils sont plus rares et plus couchés à la base; ils deviennent de plus en plus abondants et plus longs; dans le dernier tiers, ils sont hérissés, et, au bout, ils forment une espèce de pinceau allongé, qui rappelle le facies des *Perognathus* et des Loirs (*Myoxus*). Les oreilles sont, comme la queue, d'un brun roux, en apparence nues, surtout en dedans; à leur face externe, leur tiers antérieur est tapissé de poils soyeux. Les moustaches sont noirâtres.

Variété. Un second individu a le pelage brun-roux, tant sur la tête que sur les parties dorsales; ce n'est que sur les flancs qu'il offre une teinte franchement rousse ou orangée. La queue est un peu plus brune. La face dorsale des pieds est d'un brun-grisâtre : les doigts de la main et la dernière phalange des orteils sont seuls blancs. La lèvre supérieure est blanche. On voit devant et derrière l'œil une tache brune qui borde l'orbite. Voici les mesures de deux individus :

	N° 1.	N° 2.
Tête et corps environ..................	0m,100	0m,088
Queue avec ses poils terminaux...........	0 ,130	0 ,106
Pied postérieur.........................	0 ,023	0 ,023
Hauteur de l'oreille à sa face externe......	0 ,013	0 ,012
Largeur..............................	0 ,010	0 ,010

Habite le versant oriental de la Cordilière.

Pour la grandeur et le facies, cette espèce ressemble beaucoup à l'*H. aztecus*, mais elle s'en distingue facilement par les poils *entièrement blancs* de son ventre, par la grosseur de sa queue, etc.

G. Reithrodon, Waterh.

Ce type, très-intéressant parmi les Rats du nouveau continent, est caractérisé par ses incisives supérieures, dont la face antérieure est partagée par un sillon longitudinal. — Comme l'a bien montré Baird, on peut diviser les espèces de ce groupe en deux catégories, savoir : 1° celles de l'Amérique méridionale ayant un facies de lapin ; — 2° celles de l'Amérique septentrionale ressemblent plutôt aux Rats, quoiqu'elles offrent une tête plus bombée. L'espèce qui suit vient confirmer cette distinction, car, quoique vivant sous un climat tropical, elle a des formes murines, comme les espèces propres aux Etats-Unis. Ce *Reithrodon* est le plus grand de ceux que l'on connaît déjà dans l'Amérique septentrionale (1); il se rapproche surtout du *R. longicauda*, mais il a la queue encore plus longue à proportion.

(1) Sa longueur a été indiquée plutôt trop faible, car elle a été prise sur un individu empaillé placé dans une position ramassée. Etendu, le corps atteindrait ou dépasserait 0m,083.

R. MEXICANUS. — *Muris silvatici* staturæ; supra griseo-fulvescens, subtus albicans; auriculæ permagnæ; cauda nigrescens, perlonga, corpore longior, apice valde pilosa, attamen nullomodo hirsuta; pedes antici et digiti postici albidi.

La taille de cet animal est assez exactement celle du Mulot d'Europe (*Mus silvaticus*), quoique ses formes soient un peu plus trapues. Les sillons des incisives supérieures partagent leur face antérieure en deux parties égales. Les oreilles sont très-grandes, très-élevées, arrondies, plus hautes que larges, et elles sont revêtues de poils ras; mais, dans la portion antérieure de leur face externe, elles sont couvertes de poils plus longs. Le museau est pointu, entièrement garni de poils jusqu'aux narines. La lèvre supérieure est fortement fendue. Le pouce est rudimentaire, armé d'un ongle plat, comme chez les espèces du Nord. Les pattes ressemblent à celles des *Hesperomys*; la plante des pieds postérieurs est garnie de poils jusqu'au niveau des tubercules. La queue est très-longue, car elle dépasse la longueur du corps et de la tête. La couleur du pelage est un brun-fauve, qui devient tout à fait fauve sur les côtés, ou même fauve-orangé. Plus bas, le fauve devient pâle, là où il est en contact avec le blanc du ventre. Les lèvres, le bas des joues, le menton, la gorge et toutes les parties inférieures sont d'un blanc assez pur, un peu lavé de fauve par places, surtout à la poitrine et à la gorge. Le pelage est doux, assez fourni. Les poils sont d'un gris ardoise, avec le bout seulement roux ou blanc. Les oreilles sont brunes; les moustaches longues et abondantes, brunes avec quelques poils gris à la rangée inférieure. Les pieds antérieurs sont blancs, sauf en dessus, jusqu'à l'origine des doigts, où ils sont gris. Les pieds postérieurs sont obscurs, avec les orteils blancs. La queue est noirâtre, écailleuse, unicolore et garnie de poils gris assez obscurs; elle est surtout poilue vers le bout; à sa base, les poils sont rares et très-courts; mais ils deviennent plus longs vers son extrémité.

Longueur du corps et de la tête, $0^m,068$; de la queue, $0^m,092$; du pied postérieur, $0^m,019$.—Hauteur des oreilles à la face externe, $0^m,011$; — largeur des oreilles, $0^m,010$.

Habite les montagnes de la province de Véra-Cruz.

Nota. — Dans la pl. I, qui accompagne le premier article, le pelage du Bassaris est sensiblement trop moucheté.

Famille des Cervides.

Genre Cervus.

Jusqu'à présent on avait bien constaté au Mexique l'existence d'un seul Cerf seulement, savoir du *C. mexicanus*, qui n'est probablement lui-même qu'une variété du *C. virginianus*. On trouvera ci-dessous la description d'une seconde espèce et l'indication de deux autres présumables dans ce pays. Comme je ne supposais pas que ces Cerfs fussent nouveaux, j'ai négligé d'en conserver les peaux, que leur volume rendait fort embarrassantes. Du reste, la tête suffit, à la rigueur, pour faire reconnaître les espèces, sinon pour en donner une description complète.

En cherchant à comparer ces types avec ceux déjà connus et consignés dans l'excellent travail de M. Pucheran sur le genre Cervus (2), j'ai regretté de ne pas trouver, dans cette monographie, des détails plus nombreux, relatifs aux caractères différentiels des espèces, particulièrement pour ce qui concerne les squelettes et surtout les crânes. Les caractères que l'on peut tirer des pièces osseuses sont d'une importance supérieure à ceux que fournissent les apparences extérieures du pelage, et il au-

(1) Errata du précédent article. — Page 98, *Hesperomys toltecus*, la citation des figures est incomplète : la fig. 3, pl. IX, représente les molaires supérieures d'un individu très-adulte ; la fig. 3*a* les mêmes molaires d'un individu vieux, à dents très-usées. — Page 107, *H. Sumichrasti*, retranchez de la citation la fig. 3.

(2) *Archives du muséum*, VI. 1852.

rait été utile de les faire entrer en ligne de compte. Une exacte comparaison des crânes des Cerfs daguets de l'Amérique serait d'un grand secours pour arriver à la séparation précise de ces espèces, encore mal connues et peut-être plus nombreuses qu'on ne l'a soupçonné jusqu'ici.

Voici maintenant l'énumération des Cerfs que j'ai rencontrés au Mexique et aux Antilles. Les deux premiers appartiennent au sous-genre *Elaphus*, Smith, et au groupe des *Mazames* de Smith et de Sundevall (1) (ou du *C. virginianus*), caractérisé ainsi que suit :

Bois n'étant pas bifurqués dès la base; à perches courbées en avant, portant un ou plusieurs andouillers sur leur convexité; pas de canines.

N° 1. Cervus mexicanus. Ce Cerf est très-commun dans toutes les parties boisées du Mexique.

Voici les mesures de la tête osseuse prises sur deux crânes qui ont appartenu à des sujets d'un et de deux ans.

Longueur du crâne mesuré en dessous......	$0^m,245$ à $0^m,250$
Sa largeur, mesurée entre les orbites et les prolongements frontaux................	$0^m,086$
Sa plus grande largeur....................	$0^m,105$
Distance du bout de l'incisif à l'angle interne de l'orbite...........................	$0^m,130$

La suture des frontaux forme dans ses deux tiers postérieurs une crête marquée.

Les jeunes individus d'un an portent de simples dagues assez longues ($0^m,140$), bien divergentes, fortement arquées dans les deux sens (à double courbure) et à couronne forte et noueuse. Le crâne de ces jeunes, comparé à celui d'individus âgés de deux et trois ans, offre une

(1) Dans le travail de J. E. Gray, intitulé *Synopsis of the species of Deer* (Cervina), etc. (*Annals a Magaz. of nat. hist.*, IX, 1852, p. 413), et qui a vu le jour la même année que celui de Pucheran, le groupe des Mazames porte le nom de *Cariacus*.

identité presque parfaite, si ce n'est qu'il est un peu plus petit.

Il me semble évident que le premier des Cerfs figuré par Hernandez (pag. 324), et auquel Sundevall a donné le nom de *Mazama*, est bien le *C. mexicanus* avec ses bois de seconde année, et point le *Guazuti* d'Azara, comme le veut F. Cuvier, que tous les auteurs ont copié. C'est ce qu'a fort bien montré M. Pucheran par l'analyse patiente des synonymes dont il a donné le résultat dans sa belle monographie des Cerfs (1). Je ferai observer, en passant, que le nom de *Mazama* a été fort mal choisi, attendu que ce mot n'est que le terme aztèque par lequel les Indiens désignent, d'une manière générale, tous les ruminants indigènes du Mexique, et que, par conséquent, les naturels l'appliquent indifféremment, non-seulement à tous les Cerfs du pays, mais même aux ruminants à cornes creuses, comme le prouve l'analyse des noms (2). Le nom de *Mazame* a donc une signification plus que générique, et Sundevall aurait mieux fait de prendre celui de *Mazatl*, qui paraît s'appliquer exclusivement aux Cerfs (3).

(1) Ce travail est malheureusement très-laborieux à consulter, faute d'une table des matières. Une table analytique des espèces et de leurs synonymes aurait beaucoup ajouté à son utilité. J. E. Gray a copié l'erreur de F. Cuvier, et a fait plusieurs autres fautes synonymiques; ainsi il décompose en deux espèces le *C.* (*macrotis*, Say) *columbianus*, Rich., et il méconnaît les *C. nemoralis*, Smith., et *gymnotis*, Wiegm., espèces très-distinctes qu'il place, avec le *C. mexicanus*, en synonymes du *C. virginianus*.

(2) Ainsi le *teuhtlal Mazame*, nom dont la traduction est le Mazame des déserts poudreux, des prairies, ne peut être qu'une *Antilocapra* ou un *Aplocerus*. (Voyez la note 3, relative au n° 4.)

Rafinesque a employé le nom de Mazame pour les genres *Aplocerus* et *Antilocapra* (*American monthly Magaz.*, II, 44. 1817), et il a été imité, en cela, par Ogilby. On aurait pu conserver ce nom, attendu que certaines Mazames sont certainement des Antilopes.

(3) Parce qu'il appartient à la langue azetèque, que l'on ne parle que dans les districts qui ne nourrissent aucun Ruminant à cornes creuses indigène.

Hernandez donne les noms spécifiques d'un grand nombre de Cerfs ou ruminants qu'il dit peupler le Mexique, par exemple le *Quauhtlamazame, le Tlalhuicamazame*, etc. La faculté dont jouissent les langues mexicaines de former des mots composés fait qu'on ajoute, en général, au nom spécifique de chaque objet le nom générique de la catégorie auquel il appartient. Ainsi chaque mot renferme une définition complète du genre et de l'espèce, et le nom spécifique devient, pour ainsi dire, le qualificatif du nom générique.

Ainsi le mot *Quauhtlamazame* signifie le ruminant *Quauhtla;* l'espèce est donc désignée par le nom *Quauhtla*, et non par celui de *Mazame*. Il est, du reste, naturel, une fois qu'on a choisi celui de *Mazama* comne nom spécifique, de l'appliquer à l'espèce la plus commune du Mexique, et la seule connue des auteurs modernes qui se sont les premiers servis de ce nom, c'est-à-dire au *Cervus mexicanus*. Ces explications suffiront, je pense, pour montrer que le Cerf Mazame d'Hernandez ne peut être que le *C. mexicanus*, car ce nom, tiré de la langue mexicaine, ne saurait s'appliquer à un Cerf du Paraguay, mais seulement à un animal du Mexique.

Hernandez a évidemment trop multiplié le nombre des Cerfs mexicains. Il est probable qu'il a compulsé plusieurs des noms locaux que les Indiens donnaient aux ruminants peu nombreux du pays :

« Les plus grands, dit-il, sont ceux que l'on nomme *Aculliames* (1), et qui ressemblent à ceux d'Espagne ; puis viennent les *Quauhtlamazame* (2), qui attaquent l'homme lorsqu'ils sont blessés ; puis les *Tlalhuicamazame* (3), qui sont tout à fait semblables, si ce n'est qu'ils sont plus ti-

(1) Nom dont j'ignore l'étymologie.

(2) Ou Mazames des forêts ; évidemment des Cerfs. C'est le *Cervus mexicanus* par excellence.

(3) Ce devrait être probablement *tlalhuia Mazame*, ou le Mazame qui lance la terre (soit avec les pieds en courant, soit avec les cornes)?

mides ; enfin les *Temamazame* (1), qui sont les plus petits. » Les trois premières de ces prétendues espèces rentrent probablement dans le *C. mexicanus*, car l'auteur ajoute que ces animaux portent des cornes renflées à leur sortie, rondes et divisées en rameaux aigus. Du reste, Hernandez ayant rédigé son livre d'après les récits des Indiens, plus encore que d'après ses propres observations, il est naturel que cet ouvrage soit plein d'erreurs et de confusion (2). Il faut cependant prendre en considération sa variété albine ou les *Yztacs Mazames* (Cerfs blancs), que les Indiens nomment *Tlamacazquemazalt* (3), et qu'ils disent être le roi des Cerfs (4).

N° 2. C. Cariacus (le Cariacou, Buff.)

J'ai rapporté de l'île de Cuba des bois assez semblables à ceux du *Cervus mexicanus*, ne possédant qu'un andouiller supérieur, mais de taille plus grande et surtout beaucoup plus massifs. La partie inférieure de ces bois, les perches et les andouillers sont presque deux fois plus épais que chez les bois de même âge, de l'espèce qui habite la côte ferme (Mexique). La partie de bois comprise entre la couronne et le maître andouiller n'est pas cylindrique, mais assez comprimée transversalement, quoique très-noueuse. Le maître andouiller, au lieu d'être dirigé en haut comme chez le *C. mexicanus*, où les deux maîtres andouillers sont à peu près parallèles, est ici très-grand et gros, dirigé en haut, en dedans et eu avant. Il naît aussi plus en avant que chez l'espèce citée, étant demi-antérieur. La partie de la perche située entre cet andouiller et la fourche est beaucoup plus droite et plus épaisse que chez l'espèce du

(1) Le Mazame qui se baigne, dont nous parlerons plus bas.

(2) Ainsi, plus bas, il dit que la Nouvelle-Espagne abonde en Cerfs et en Chamois identiques à ceux de l'Espagne ; il confond, sans doute, les *Antilocapra* avec des Isars, ne les connaissant que pour en avoir entendu parler. Il s'occupe, du reste, bien plus des boules que contient l'estomac de ces animaux que de la distinction des espèces.

(3) Ce mot signifie le Cerf qui a des serviteurs.

(4) Hernandez parle encore des Mazames que les Espagnols nom-

Mexique; l'empaumure est moins aplatie, la perche est beaucoup moins courbée; la partie qui dépasse l'andouiller supérieur est de même grandeur que ce dernier, et elle est *bien moins longue* et moins recourbée; elle regarde beaucoup plus en haut, tandis que chez le *C. mexicanus* le bout de la perche revient en avant, de façon à surplomber ou à dépasser les couronnes des bois, ce qui est loin d'avoir lieu chez le Cariacou.

L'épaisseur et la pesanteur de ces bois, ainsi que le morceau du crâne auquel ils sont attachés, indiquent qu'ils appartenaient à un animal de taille supérieure au *C. mexicanus*, et le *Cariacou*, savons-nous, est, en effet, plus grand. Ce sont, sans doute, des bois de 4e année, aussi grands qu'ils peuvent devenir avant de prendre le second andouiller supérieur.

Comme le Cariacou n'a pas été bien distingué du Mazame ou Cerf mexicain, jusqu'au moment où M. Pucheran en eut débrouillé la synonymie, il ne sera pas inutile de donner ici les dimensions des bois que j'ai sous les yeux.

Distance de la couronne au bout de la perche, en ligne droite	0m,190 à 0m,210
Distance de la couronne au bout du maître andouiller, environ	0m,130
Distance de la couronne à la naissance du maître andouiller	0m,050 à 0m,055
Longueur de la perche entre le maître andouiller et la fourche mesurée dedans	0m,098 à 0m,118
Longueur du maître andouiller	0m,075 à 0m,080
Largeur du bois entre la couronne et le maître andouiller	0m,045
Largeur de la perche au-dessus du maître andouiller	0m,038

J'ajouterai, en terminant, qu'il me paraît tout à fait probable que le *C. nemoralis*, H. Smith, soit le même que

ment *bigarrés* (*berrendos*), qui sont couverts de poils blancs et de fauves, mais avec le ventre et les côtés blanchâtres. Selon Berlandier, les Mexicains modernes appelleraient encore ainsi l'*Antilocapra americana* (Baird. *loc. cit.*).

le Cariacou de Buffon. Cette identité semble d'autant plus évidente que H. Smith nous apprend que son *C. nemoralis* vit dans le Honduras, portion de la côte ferme très-voisine de Cuba. Comme Baird ne parle pas de ce Cerf dans sa faune des Mammifères des États-Unis (R. R. Rep. *l. c.*), il est bien probable que les individus que H. Smith croyait venir de Virginie ne venaient pas de là, quoiqu'il n'y ait rien d'impossible à ce que l'espèce se continue de Cuba en Floride, et même plus loin.

N° 3. CERVUS TOLTECUS (pl. 15 fig. 1).

Rami minuti recurrentes, vix divergentes, vix arcuati; prope coronam ex interno margine surculum triangularem, valde complanatum, et prope apicem, alterum surculum acuminatum, margine externo emittentes.

La taille de cet animal doit être à peu près la même que celle du *Cervus rufus*, ou même un peu inférieure, à en juger par la comparaison des crânes. Le crâne est plus petit que celui du *C. rufus* et sa portion antérieure est moins étroite.

Comparé à un autre crâne, que je crois être celui du *C. nemorivagus*, il est plus court et plus large, point comprimé comme celui dont il est question. Les prolongements frontaux qui supportent les bois sont forts et assez courts, comme chez le *C. nemoravigus*; non grêles comme chez le *C. rufus*. La symphyse des frontaux forme une ligne élevée dans sa moitié postérieure. L'ouverture placée entre l'os lacrymal et les nasaux est grande, large et prolongée en bas à son angle antérieur. On trouve entre le pariétal et l'occipital un grand os vormien en carré large (ayant 22 millim. de largeur et 12 de longueur). Les bois sont courts, presque droits, assez aplatis et dirigés obliquement en arrière, mais cependant moins inclinés que chez le *C. rufus*, car ils ne continuent pas la ligne du chanfrein, mais se relèvent un peu plus. Ils ne divergent presque pas vers le bout. Leur couronne est très-forte, renflée, très-noueuse et découpée. Les perches, au contraire, sont lisses, seulement avec quelques arêtes en dessous. La perche gauche, qui est la seule bien développée, est fortement aplatie, presque palmée, et elle émet au quart de sa longueur à son bord interne un andouiller aplati, en forme de dent triangulaire, presque perpendiculaire à la perche et placé dans le plan des bois (*a*). La perche est ensuite légèrement arquée en dedans, tordue, puis tronquée, et se termine subitement par une palmure rudimentaire qui regarde en dedans et offre deux saillies, dans lesquelles on pourrait voir les vestiges d'une bifurcation (*b*). Immédiatement avant cette terminaison, la perche émet, par son bord externe, un petit andouiller conique qui continue la direction de la perche et qui termine le bois par une pointe (*c*). La perche droite est anomale; elle n'est pas aplatie et n'offre que des vestiges d'andouiller; c'est une simple dague un peu arquée, aplatie, obtuse et mamelonnée au bout. Il est probable que l'individu que nous décrivons n'était arrivé qu'à ses deuxièmes bois. Peut-être ceux-ci prennent-ils une plus grande empaumure près du bout chez les vieux individus; mais il me semble assez douteux qu'il puisse en être ainsi, attendu que la direction presque parallèle des deux perches fait que les andouillers se rencontreraient s'ils acquéraient quelque grandeur. C'est peut-être pour cette raison que l'un des bois est mal développé; en effet, si le maître andouiller du bois droit était aussi grand que celui du gauche, ils se toucheraient par leurs pointes, ou se croiseraient même. L'étroitesse de l'espace qui reste entre les bois fait que, durant la période de croissance, les branches d'arbre qui s'introduisent entre eux doivent léser ou détruire facilement la peau de l'un ou de l'autre, ce qui doit amener l'avortement de l'andouiller de l'un des côtés.

Longueur totale du crâne....................	0m,173
Longueur jusqu'à l'origine des bois..........	0m,148
Longueur jusqu'à l'angle interne de l'orbite...	0m,088

Distance entre les deux orbites (angle interne)	0m,043
Distance entre les prolongements frontaux	0m,034
Distance entre le bout des deux perches	0m,055
Longueur des frontaux	0m,070
Largeur du crâne en arrière des orbites	0m,060 à 0,061
Longueur des bois	0m,120
Largeur des bois avec l'andouiller inférieur	0m,030

Ce petit Cerf habite le Mexique. Je n'en ai entendu parler que dans la Cordillère, voisine du golfe. Je l'ai vu à Cordova, et le crâne provient des environs d'Orizaba.

Il appartient, sans doute, à la catégorie des *Élaphus* qui ne prennent pas plus d'un ou deux andouillers, mais il semble former un petit groupe, caractérisé par le fait que l'andouiller supérieur naît sur le bord externe du merrain (1) et par l'aplatissement palmaire du maître andouiller. A en juger d'après les descriptions, il me semble se rapprocher beaucoup du *C. gymnotis*, mais il en diffère par la forme spéciale des bois, plus aplatis et tout droits, nullement recourbés en avant.

Ce Cerf ne rentre dans aucun des sous-genres de M. Gray.

Explication de la figure. — Bois gauche du *C. toltecus* vu complétement par devant et montrant son unique courbure. (Vu de profil, ce bois paraîtrait tout droit.)

N° 4. Le Tema. — Je dois à l'obligeance de M. Sartorius, planteur au Mirador, près Huatasco (province de Véra-Cruz), un autre crâne, très-voisin de celui qui vient d'être décrit (n° 3), mais qui ne porte que de simples dagues.

Plus tard, des chasseurs de la Cordilière m'en ont procuré un second. Ce crâne peut être celui du *Cervus toltecus*, jeune d'un an, quoique ses dagues soient parfaitement droites; mais il ne serait pas impossible qu'il appartînt à une autre espèce, daguette même à l'état parfaitement adulte, comme les *C. rufus* et *nemorivagus*. Les Indiens distinguent ce Cerf daguet du précédent, et ils le prennent, à tort ou à raison, pour un autre animal.

(1) Comme chez les *C. hippelaphus* et *Peronii*, mais le maître andouiller n'a aucun rapport avec celui de ces espèces.

Les différences que l'on remarque sur son crâne, comparé à celui du *C. toltecus*, sont les suivantes :

Le crâne n° 4 est plus court et plus large. Le front est bombé et convexe dans ses deux tiers postérieurs, et la symphyse des frontaux ne forme pas une ligne saillante. Il n'y a pas d'enfoncement à la partie postérieure du pariétal, et l'on ne voit pas trace de l'os vormien pariéto-occipital. L'ensemble du crâne est plus court et plus large. Les crêtes latérales de l'occipital sont moins fortes, etc. Les prolongements frontaux sont dirigés plus en haut, en sorte que les dagues sont un peu moins couchées que les bois du *C. toltecus*, par conséquent moins aussi que les dagues du *C. rufus*. De plus, elles sont très-courtes, nullement divergentes, grosses et fortement noueuses, presque jusqu'au milieu ou même au delà, ensuite fines et grêles. La grosseur et la nature noueuse de leur moitié inférieure font qu'il n'y a pas de couronne bien dessinée.

Toutes ces différences rentrent dans celles que produit l'âge; mais ce qui me frappe surtout, c'est d'abord la largeur du crâne, puis le fait que les deux têtes du n° 4 sont parfaitement identiques ; qu'elles n'offrent pas trace du grand os vormien si net chez le n° 3 (*C. toltecus*), et enfin que leurs dents sont plus usées, ou pour le moins plus obtuses que celles de ce dernier, tandis que le contraire devrait avoir lieu si le n° 4 était le jeune du n° 3. L'ouverture lacrymale est plus large chez le n° 4, en forme de trapèze ou de carré arrondi, et son angle antérieur ne se prolonge pas en bas d'une manière aussi marquée.

Longueur des frontaux	0m,063
Largeur du crâne derrière les orbites	0m,060 à 0m,061
Longueur de la tête osseuse	0m,165
Longueur jusqu'à l'angle interne des orbites	0m,082
Longueur jusqu'à l'origine des bois	0m,140
Longueur des dagues	0m,068 et 0m,061
Distance entre l'angle interne des deux orbites	0m,040
Distance entre les bouts des deux perches	0m,050

Distance entre les prolongements frontaux... 0m,038
Largeur du crâne aux arcades zygomatiques. 0m,081

La largeur du crâne, mesurée derrière les orbites, à l'origine des bourrelets des prolongements frontaux, est presque équivalente à la longueur des frontaux, comme le montrent les mesures qui suivent :

Largeur du crâne immédiatement en arrière des orbites. 0m,064
Longueur des frontaux........................... 0m,068

tandis que chez le n° 3 ce rapport est comme 6 : 7. (Voyez les mesures.)

Notre Cerf n° 4 est très-probablement le *Temamazame* (1), aussi nommé *Mazatl chichiltic* (2), qu'Hernandez a figuré page 325 de son ouvrage, et qu'il décrit comme ayant des cornes *très-courtes* et très-pointues, un pelage brun fauve, blanchâtre en dessous ; en ajoutant qu'il le classerait plutôt parmi les Chevreuils (3), ainsi que

(1) Ou plutôt le *Tema*, puisque *Mazame*, qui forme la seconde partie du mot, est seulement un nom de famille. *Temamazame* signifie le Mazame qui aime à se baigner (Cerf des marais ou aquatique).

(2) Ce qui signifie Cerf rougeâtre.

(3) *Inter capreos*, cela pourrait devoir être *inter capreas*, parmi les Chèvres sauvages (Antilopes). En effet, selon Berlandier, le *Teuhtlamazame* serait l'*Antilocapra americana*, Ord. (Baird., R. R. Rep., 666), ce qui coïncide bien avec la signification du nom mexicain, dont la traduction serait Mazame des steppes ; donc, évidemment, un des Ruminants à corne creuse qui peuplent les prairies du Mexique septentrional. Rafinesque a même fait du *Temamazame* une nouvelle espèce d'Antilope, qu'il décrit ainsi que suit, uniquement d'après les quelques mots qu'en a dit Hernandez : MAZAMA TEMA, *brun fauve en dessus, blanchâtre en dessous, cornes cylindriques, droites et lisses.* — Mais il n'est pas douteux qu'il se soit trompé, attendu que la figure, aussi bien que le second nom de cet animal, montre suffisamment qu'il s'agit d'un Cerf, le mot *mazatl* servant toujours à désigner des Cerfs ou des Chevreuils. Si Hernandez a voulu classer ce Cerf daguet parmi les Chèvres, c'est sans doute à cause de la ressemblance de ses dagues avec les cornes des jeunes Chèvres. Ceci est d'autant plus probable que les Espagnols ont établi la même comparaison à propos de notre n° 5, qu'ils ont nommé *Cerf corne de Chèvre*. Voyez ci-dessous.

le *Feuhtlamazame*. Ce dernier est évidemment un Ruminant à cornes creuses; mais le premier ne peut être que notre daguet, vu l'extrême brièveté de ses cornes.

Si le Cerf dont il vient d'être question était reconnu comme espèce, je proposerais de lui donner le nom de *C. Sartorii*, en l'honneur de la personne qui m'en a, en premier lieu, révélé l'existence en m'en donnant le crâne.

N° 5. J'ai encore rencontré au Mexique un Cerf de la taille du *C. mexicanus*, ou même plus grand, rougeâtre en dessus, blanchâtre en dessous, et armé de grandes dagues arquées, mais je n'ai pu le voir qu'à la course et n'ai pu réussir à l'abattre. Au moment où je l'aperçus, je le pris pour un daguet de Cerf mexicain, mais sa taille m'ayant frappé, aussi bien que la longueur de ses bois, j'en parlai aux chasseurs du pays, et j'appris par eux qu'il ne s'agissait pas d'un jeune Daguet, mais que ce Cerf était bien connu, et qu'on le désignait du nom de *Venado cuernicabra*, ou Chevreuil cornes de Chèvre. On le dit rare, et l'on prétend qu'il ne prend jamais d'andouiller.

Comme les bois de ce Cerf sont petits et qu'ils parlent peu à la vue, on ne les conserve pas pour en faire des ornements ou des trophées. Aussi le seul débris de cet animal que j'aie pu me procurer est un bois de droite, attaché à un morceau du crâne, et qui trahit des différences sensibles avec les mêmes pièces du *C. mexicanus* encore daguet (1). Ce bois est beaucoup plus long (il mesure $0^m,200$, selon la corde de sa courbure); il est très-divergent, très-arqué, et n'a qu'une seule courbure qui regarde en haut et en dedans; sa base est très-noueuse, sa couronne médiocre, et la seconde moitié de la corne est comprimée, assez épaisse. De plus, ce bois n'est pas grêle, comme les dagues des jeunes; il a plutôt le caractère de la vieillesse. Le trou supra-orbitaire est grand, et la fossette située en arrière du trou est longue et très-profonde, ce qui semble indiquer un animal vieux. Si cette espèce était

(1) Cette pièce a été déposée au musée de Genève.

reconnue, je proposerais qu'on lui appliquât le nom traduit de l'espagnol, de *Cervus capricornis*.

Peut-être quelques naturalistes voudront-ils voir dans ce Cerf un état anomal du *C. mexicanus*. En effet, on a observé, dans les ménageries, quelques cas où le *C. virginianus*, arrivé à un âge avancé, reprenait de simples dagues, au lieu de bois à andouillers, et l'on suppose que cette anomalie se produit aussi à l'état sauvage, parce qu'on a observé, aux États-Unis, de vieux daguets dont les chasseurs font une espèce, qu'ils désignent sous le nom de *Spring Buck* de *Jersay* (1), et qui ne sont probablement que des individus anomaux du *C. virginianus*. Il y a donc une certaine chance pour que notre n° 4 ne soit qu'un vieux *C. mexicanus* sur le retour.

La station des Cerfs dans le Mexique est une question qui n'a pas même été abordée. C'est dans les forêts de la côte et dans la Cordilière, qui forme le versant oriental du plateau, que j'ai vu ces animaux le plus communément. En d'autres termes, ils m'ont paru surtout abondants dans toute la zone à climat tropical. La Cordilière chaude nourrit les quatre types mexicains dont il est parlé ci-dessus; ils habitent les mêmes forêts. Dans la région côtière, je n'ai jamais rencontré que le *C. mexicanus* bien caractérisé, mais il est tout à fait probable que les autres types y vivent également. Le *C. mexicanus* est si commun dans les forêts de ces contrées, qu'on en voit des troupes dans presque toutes les clairières un peu isolées. J'ai aussi rencontré le *C. mexicanus* au mont Jorullo, dans une vallée très-chaude, située sur le versant occidental du plateau, à 25 lieues de l'océan Pacifique. Le plateau étant un pays nu et sablonneux, les Cerfs n'y ont point élu domicile, mais on les retrouve dans les collines boi-

(1) Pucheran, l. c., p. 315.

sées, situées plus haut encore, et à une altitude de 7 à 9,000 pieds, dans les forêts des conifères qui ombragent le pied des montagnes élevées. Quoique ayant, à plusieurs reprises, vu courir ces animaux au milieu des forêts des grands volcans, je n'ai jamais eu l'occasion d'en abattre dans ces régions, et comme les habitants du plateau ne sont pas chasseurs, il ne m'a pas été possible de me procurer les bois du Cerf des montagnes. Néanmoins je ne mets pas en doute que celui-ci ne soit le *C. mexicanus*, car il est tout à fait probable que des animaux du genre des Cerfs vivent également bien sur la côte et sur le plateau, et qu'ils supportent aussi bien le froid que la chaleur. Humboldt dit, il est vrai, qu'il n'a rencontré les grands Cerfs de l'Amérique du Sud que jusqu'à une altitude de 2,000 pieds (1); mais il est probablement dans l'erreur, lorsqu'il suppose que ceux-ci ne s'élèvent pas plus haut, car sous la zone torride, les régions qui n'ont que 2,000 pieds d'altitude sont encore tout à fait tropicales et ne modifient en rien les conditions biologiques des grands animaux. D'ailleurs le *C. mexicanus* est une espèce si voisine du *C. virginianus* (sinon une simple variété de celui-ci), qu'il n'y a rien d'étonnant à ce qu'il supporte le climat relativement tempéré des montagnes du plateau. Toutefois il serait intéressant de bien étudier la question des Cerfs du Mexique et de leur station, car il pourrait se faire que l'espèce qui habite les forêts des collines du plateau et des montagnes froides fût le *Cervus virginianus*, ou une variété intermédiaire entre lui et le *mexicanus*, qui fournirait la preuve de l'identité des deux espèces, et qui expliquerait les différences de ces deux types par de simples influences locales et physiques.

(1) *Tableaux de la nature* I. — L'espèce de Cerf en question est très-problématique.

Famille des VESPERTILIONIDES.

Tribu des VESPERTILIONIENS (1).

Pouce libre, queue longue, enveloppée jusqu'au bout, ou dépassant à peine la membrane fémorale.

Genre VESPERTILIO, Lin.

L'espèce qui suit, envisagée d'après ses parties molles, rentrerait bien dans le sous-genre VESPERUGO, Kaiserl. et Blas., caractérisé comme suit :

Bord inférieur de l'oreille prolongé en avant jusqu'au delà de l'oreillon ; bord supérieur bifurqué à sa base, le feuillet interne se dirigeant vers l'œil. Le dernier article rudimentaire de la queue seul libre. Plante des pieds ridée, dépourvue de bourrelets.

Mais son système dentaire le classe dans les Vespertilions *murinoïdes*, Fr. Cuv., qui sont caractérisés par la présence de 38 dents ; peut-être faudrait-il le placer dans le sous-genre *Myotis*, Kamp. Gerv , auquel il serait bon de conserver le nom de genre *Vespertilio*, car ce nom a fini par être totalement banni de la tribu.

Le système dentaire de notre espèce se formule ainsi que suit : 38 dents. Incisives, $\frac{2-2}{3-3}$; prémolaires, $\frac{3-3}{3-3}$; molaires, $\frac{3-3}{3-3}$. En haut et en bas, les deux premières prémolaires sont rudimentaires ; la troisième est longue et poin-

(1) Comprenant les *Nycticiens* et les *Vespertilionins* de M. Gervais. Les premiers ne se distinguent des seconds que par le fait qu'ils ne possèdent que deux incisives supérieures au lieu de quatre ; mais, chez certains *Phyllostimides*, on observe le même fait lors de la seconde dentition, où ces très-petites incisives latérales supérieures tombent ou sont expulsées par les grandes médianes.

tue, surtout en haut. — Le crâne est court, moins large entre les canines qu'entre les orbites.

Le sous-genre se subdivise, à son tour, en deux sections de la manière suivante :

1. *Tragus élargi ; membranes des ailes s'étendant jusqu'au tarse, densément poilues en dessous.*

2. *Tragus étroit ; ailes larges, nues en dessous, s'étendant jusqu'à la base des orteils.* — C'est dans cette section que vient se placer le Vespertilion qui suit :

V. MEXICANUS. Parvulus ; supra fusco-auratus, subtus albido-cinerascens ; auriculæ ovatæ, elongatæ, apice subangustæ ; margine externo supra recto, subtus incurvo, in basi in lobum crassum, os versus productum ; antitragus elongatus, apice linearis ; cauda 11-articulata.

Tête assez aplatie. Narines regardant latéralement. Oreilles grandes, assez étroites et longues, mesurant 0m,011 à leur face postérieure, presque égales aux 3/4 de la longueur de la tête ; de forme ovoïde ; leur bout arrondi, mais étroit, offrant au bord externe, avant l'arrondissement terminal, un vestige d'échancrure. L'angle inférieur du bord interne, formant un lobe subaigu, mais arrondi au bout et séparé du repli qui va s'insérer au-dessus de l'œil. Le bord externe, presque droit dans sa moitié supérieure, devenant plus convexe dans l'inférieure ; — au bas, il est séparé par une fissure d'un lobule épais (antitragus), qui s'étend vers la bouche et qui passe au-dessous de l'oreille. On voit parallèlement au bord externe de l'oreille un pli fibreux, et le pavillon offre des stries transversales. L'oreillon a 6-6 1/2 millim. de longueur ; il est très-grêle, long et très-étroit, et il s'élève jusqu'au milieu de la hauteur du pavillon ; son bord interne est droit ; l'externe est convexe et porte deux petites crénelures vers le bas ; le tiers supérieur de l'oreillon est en forme de lanière. La queue se compose de onze vertèbres, les deux dernières étant rudimentaires. L'aile s'insère à la base des orteils. La couleur du pelage est peu distincte (l'individu ayant séjourné longtemps dans l'alcool) ; elle paraît être, en dessus, d'un brun doré ; les poils étant bruns à la base, d'un brun plus fauve dans le reste de leur étendue ; en dessous, grisâtre ou pâle ; les poils étant gris foncé, presque noirâtres à la base, blanchâtres dans leur quart ou leur tiers terminal.

Longueur du corps et de la tête étendue.	0m,039
Longueur jusqu'au sommet de la tête........	0m,140
Longueur de la tête........................	0m,014
Longueur de l'avant-bras..................	0m,033
Longueur de la queue......................	0m,033
Longueur de l'éperon......................	0m,015

Habite les parties chaudes du Mexique. J'ai pris ce Vespertilion dans les terres chaudes de la province de Mexico.

Tribu des Molossiens.

Queue dépassant de beaucoup la membrane interfémorale.

Genre Molossus, Geoffr.

On a classé les espèces de ce vaste genre en deux catégories, selon que les oreilles sont ou non réunies sur le vertex. Mais le système dentaire permet aussi d'y établir deux divisions, et j'ignore si celles-ci correspondent à celles auxquelles donne lieu le plus ou moins grand développement des oreilles (1).

Ire *division*. — Nyctinomus. *Prémolaires*, $\frac{2}{2}\frac{2}{2}$; *molaires*, $\frac{3}{3}\frac{3}{3}$. (*Museau large, lèvres renflées; oreilles très-grandes, soudées ensemble sur le milieu de la tête.*)

M. mexicanus. (Pl. 15. fig, 2, 2*a*.) Supra fuscus, subtus fusco-cinerascens; auriculæ magnæ, nasum superantes, in vertice subseparatæ. Caudæ longitudo, 13 1/3 lin.; pars libera, 5 1/2 lin.

(1) Pendant que cette note était sous presse, j'ai pu consulter le beau travail de M. Gervais sur les Cheiroptères américains (voyage de Castelnau). — Cette division correspond parfaitement à son genre *Nyctinomus*.

Oreilles grandes, dépassant le nez d'un millimètre lorsqu'on les renverse en avant, très-larges, plus ou moins carrées, quoique très-largement arrondies, offrant en arrière de l'œil une forte crête verticale qui se termine par une ligne arquée, laquelle va rejoindre le bord supérieur. En dedans de cette crête, le pavillon se prolonge jusque sur la base du nez et du front, où il se soude à son congénère en dessinant une forte échancrure, de sorte que, vues par devant, les oreilles n'ont pas l'air d'être soudées, tandis que, vues par derrière, elles le sont d'une manière évidente. Bord inférieur des oreilles très-développé, garni de replis de la peau et se prolongeant presque jusqu'à l'angle de la bouche. Nez assez large, à narines latérales. Lèvre supérieure plissée en zigzag. Oreillon tronqué carrément, quadrangulaire. Membrane fémorale et pieds longuement velus ; ces derniers surtout, laineux et garnis de longs poils gris, ayant une forme large et courte. Éperons larges et très-longs, occupant presque les trois quarts du bord inférieur de chaque moitié de la membrane fémorale. Aile s'insérant à 2 ou 3 millimètres au-dessus du tarse, en devant du tibia. Queue enveloppée dans ses cinq premières vertèbres, libre dans ses cinq dernières (la cinquième rudimentaire). Couleur, en dessus, d'un brun uniforme ; en dessous, cendré brunâtre. Les poils sont de couleur uniforme dans toute leur étendue, assez longs et bien fournis. Chez ce Molosse, le crâne est assez allongé ; sa partie faciale est aplatie, dépourvue de crête, et offre même un enfoncement longitudinal. La première prémolaire supérieure est rudimentaire ; la deuxième est très-longue, grande, et offre un fort talon ; la première inférieure est plus petite que la seconde.

Longueur du corps et de la tête étendue....	0^m,060
Longueur des oreilles à leur face externe..	0^m,012
Largeur des mêmes......................	0^m,014
Longueur de l'avant-bras................	0^m,041-42
Longueur de la queue..................	0^m,031

Longueur de sa portion libre............. 0m,0125
Longueur de l'éperon.................... 0m,014

Habite le plateau du Mexique et les hautes montagnes. J'en ai tué un individu sur le Coffre de Perote, à 13,000 pieds d'altitude; d'autres individus ont été pris à Ameca, au pied du Popocatepetl, à une altitude de 8,500 pieds.

Un très-jeune individu n'a pas de poil au corps; ses membres sont courts et trapus; les pieds sont plus gros que chez l'adulte.

IIe *division*. — MOLOSSUS. *Prémolaires*, $\frac{1}{2}\text{—}\frac{1}{2}$; *molaires*, $\frac{3}{3}\text{—}\frac{3}{3}$. (*Lèvres peu renflées, museau triangulaire, oreilles séparées et médiocres.*)

M. AZTECUS. (Pl. 15, fig. 3, 3*a*.) Supra obscure fuscus, subtus pallidior; auriculæ triangulares, mediocres, in fronte contiguæ at non continuæ, antitrago quadrato, maximo, trago minimo, vix distincto; os haud incrassatum; cauda elongata, in dimidia libera.

Oreilles assez petites, beaucoup moins grandes que chez le *D. mexicanus*, à peu près triangulaires, quoique arrondies au sommet, arrivant jusque sur la ligne médiane, mais ne se soudant pas. Leur pli intérieur, très-prononcé, offrant au bas, à l'entrée du méat, un très-petit lobule étroit qui représente le tragus. Le pavillon ne se prolongeant pas, au bas, vers la bouche, mais venant se souder à la base d'un grand lobe quadrangulaire, qui forme l'antitragus, tout en ayant la forme du tragus du *D. mexicanus*. Museau petit, triangulaire, n'offrant pas d'épaississement prononcé, n'étant pas large; lèvres peu charnues, point prolongées en bas. Avant-bras très-arqué. Ailes très-grêles, poilues en dessous, autour du corps, et parallèlement à l'avant-bras, mais la zone poilue séparée de l'avant-bras par une bande glabre. Queue longue et forte, enveloppée dans sa première moitié, libre dans la seconde. Aile s'insérant le long du tibia, et ne s'en séparant guère qu'au milieu de ce dernier.

Le pelage est en dessus d'un brun marron foncé; en dessous, d'un gris brunâtre. Les poils sont plus pâles à la base qu'au bout. Comparée au *D. mexicanus*, cette espèce est notablement plus foncée.

Longueur du corps et de la tête.........	0m,065
Longueur de la queue..................	0m,037
Longueur de l'avant-bras..............	0m,036
Hauteur des oreilles mesurées par derrière.	0m,008

Habite le plateau du Mexique. Tué à Amecameca, au pied du Popocatepetl.

Ce Molosse est plus grand de corps que le *Mexicanus*, mais ses oreilles sont bien plus petites, son avant-bras plus court, etc.

Le crâne est plus étroit entre les orbites que la distance qui sépare le bord externe des deux canines supérieures; sa partie faciale est obtuse, et porte entre les orbites une crête qui se prolonge sur le front.

Tribu des Noctilioniens.

Membrane interfémorale grande, dépassant la queue; l'extrémité de celle-ci libre, reposant sur la membrane interfémorale. Pouce enveloppé à la base.

Cette tribu comprend les tribus des *Noctilionins* et des *Emballonurins* de M. Gervais, auxquels il faut ajouter le groupe des *Mormopsins*. La réunion de ces trois types forme un groupe naturel (1) qu'il me paraît utile de conserver.

Sous-tribu des Mormopsins.

Face couverte de nombreux replis membraneux. Molaires offrant des replis d'émail en forme de W. Membrane interfémorale très-grande. Queue longue, enveloppée, supère à l'extrémité, et de beaucoup dépassée par la membrane interfémorale.

(1) Il le serait encore plus sans la nécessité d'y faire rentrer les genres *Mormops* et *Chilonycteris*, qui ont la queue disposée de la même manière et qui, à cause de cela, ne peuvent figurer que dans cette tribu.

Genre Mormops, Leach.

Formes grêles ; pattes postérieures très-longues, enfermant une membrane interfémorale très-grande (1). Tête grosse et globuleuse, portant, en dessus, des replis membraneux, appliqués et poilus ; au menton, un écusson verruqueux, et, dessous, d'autres replis nombreux et compliqués. Oreilles assez courtes, mais à très-grande ouverture ; oreillon épais et difforme. Ailes insérées au tibia et sur l'éperon. (Pl. 15, fig. 5.)

Jusqu'à présent, le genre Mormops n'a pu être classé avec précision, et cela tient à ce qu'il est un de ces types intermédiaires qui servent de lien entre plusieurs groupes, plutôt qu'ils ne rentrent bien dans aucun d'eux.

Après l'excellent travail que Peters a fourni sur ce genre, il serait superflu d'en donner une description détaillée ; mais comme les conclusions que nous déduisons de l'examen de nos individus ne s'accordent pas avec les siennes, il est nécessaire de reprendre brièvement la discussion des caractères, dans le but d'établir les affinités naturelles de ces animaux.

L'auteur allemand cherche surtout à établir que les replis membraneux de la face des *Mormops* sont l'analogue de la feuille nasale des Phyllostomes, et il compare les autres caractères pour montrer que ceux-ci ne sont point en désaccord avec ceux de ces animaux. — Les dents des *Mormops* ont la plus grande analogie avec celles des *Chilonycteris* (genre que je ne connais pas), et l'émail en forme de W des grandes molaires rappelle un peu celles des *Noctilio*. Le crâne ne ressemble point à celui des *Taphozous* et des *Emballonura*, types dont on avait

(1) Lorsque les membranes sont étendues, l'étroitesse des ailes et la longue saillie de la membrane interfémorale donnent à l'animal une figure tout exceptionnelle ; le patagium caudal ressemble presque à une large queue d'oiseau.

rapproché les *Mormops* ; mais il rappelle, au contraire, celui des Phyllostomes, des *Chilonycteris* et des *Noctilio* par son os incisif, qui est soudé aux maxillaires, etc. La face très-courte, le front élevé subitement, presque à angle droit, le crâne globuleux et séparé de la face par une fossette, ainsi que la forme des arcades zygomatiques, rattachent encore les *Mormops* aux *Chilonycteris*. Le reste du squelette, en particulier la largeur des côtes, rapprocherait ce type des Phyllostomes, quoiqu'il offre cependant quelques rapports avec celui des *Noctilio*. La langue est, comme chez les Phyllostomes, verruqueuse et garnie de papilles découpées, qui se terminent par deux ou trois pointes. Les organes respiratoires rappellent, d'une part, ceux des *Chilonycteris* par la structure de la trachée-artère, dont les anneaux intermédiaires sont soudés ensemble postérieurement, tandis que les inférieurs sont incomplets en arrière ; d'autre part, ceux des *Phyllostoma*, par la segmentation du poumon droit en quatre lobes.

L'auteur conclut de ses recherches que le genre Mormops ne peut continuer à figurer dans la famille des Vespertilionides (*Gymnorina*), mais qu'il doit être classé, ainsi que le genre *Chilonycteris*, son proche parent, dans la famille des Phyllostomides, et former un petit groupe sous le nom de *Mormopina*. Ce groupe serait une subdivision des Vampiriens (Phyllostomes dont les molaires offrent un double repli en émail qui ressemble à un W), et il formerait la transition aux *Desmodus* et aux *Brachyphyllum*.

Il ne nous est pas possible d'adopter ces conclusions, basées surtout sur le fait que M. Peters considère les replis membraneux de la face comme l'équivalent de la feuille nasale des Phyllostomides, en supposant que cette feuille est ici partagée par le milieu. En effet, ces replis ne sont pas nus et glanduleux comme chez les Phyllostomes, mais couverts de longs poils, et ils s'appliquent sur la tête de façon à tapisser et à couvrir de poils la partie supérieure de la face, qui est nue. Ils présentent, il est vrai, la tendance à former une feuille nasale; mais il ne s'agit encore que d'une tendance à cela, en sorte que, sous ce point de vue, les *Mormops* ne sont que des Vespertilionides, commençant à offrir les caractères des Phyllostomides.

Pour ce qui concerne le crâne, je trouve que celui-ci est bien plutôt un crâne de Vespertilion ou de Molosse que de Vampire, vu la brièveté du museau, le relèvement du front et l'aplatissement de sa partie maxillaire; mais les formes du crâne sont très-variables et peu propres à fournir des caractères précis. Quant aux dents, je ne puis m'empêcher de penser que M. Peters ne se soit tout à fait mépris. Les dents des Mormops n'appartiennent nullement au type des Phyllostomes. Ces derniers ont toujours des dents assez fortes et médiocrement aiguës (sauf chez les Glossophages), tandis que chez les Vespertilionides elles sont très-aiguës et plus *insectivores*. Or, chez les *Mormops*, le facies des dents est tout à fait celui des dents des Vespertilionides. Ainsi les canines sont arquées plutôt au dehors qu'au dedans et ont une forme tout épineuse que n'offrent pas les Phyllostomes. On trouve, de plus, chez les *Mormops*, le vide entre la canine supérieure et l'incisive latérale où vient se loger la canine inférieure, ce qui est un caractère de Vespertilionide, jamais de Phyllostomide. Enfin l'émail des molaires, disposé en forme de W, que l'auteur allemand invoque comme ressemblant à une disposition analogue chez les Vampires, est encore un caractère de Vespertilionide; il se retrouve dans presque tous les genres de cette famille, tandis qu'il ne se rencontre presque que comme une exception dans la famille des Phyllostomides, qui est beaucoup moins insectivore que celle des Vespertilionides, plus frugivore, donc moins sujette à offrir des dents hérissées de pointes compliquées.

Les membranes compliquées de la face ne sont pas un caractère suffisant pour conclure à l'intime parenté des

Mormops et des Phyllostomides, car on rencontre des feuilles nasales chez les Rhinolophides (*Megaderma*), tandis qu'on les voit manquer chez certains Phyllostomides (*Desmodus*); enfin les Molosses, les Noctilions, etc., offrent, parmi les Vespertilionides, des bourrelets faciaux et un développement des membranes auriculaires, qui indiquent une tendance à cette complication de la face que les Phyllostomides offrent à un si haut degré.

On peut ajouter que le troisième doigt de la main n'offre, chez les Mormops, que trois phalanges, comme chez les Vespertilionides, non quatre, comme chez tous les Phyllostomides, et que la queue, libre au bout, quoique dépassée par la membrane interfémorale, est un indice tout naturel que ce genre appartient à la tribu des Noctilioniens, ce qui est complétement confirmé par l'analogie du système dentaire avec celui du genre Noctilio.

Il nous semble donc 1° que sortir le genre Mormops de la famille des Vespertilionides, c'est aller contre tous ses caractères, malgré des affinités évidentes; 2° que le réunir à celle des Phyllostomides, c'est décaractériser entièrement cette dernière, en y introduisant un élément étranger.

Nous pensons donc que les genres *Mormops* et *Chilonycteris* doivent former un petit groupe dans la famille des Vespertilionides, groupe qui sert de transition aux Phyllostomides, mais tout en restant du côté des Vespertilionides. On pourrait, à la rigueur, en former une tribu séparée, mais la tribu des Noctilioniens est si bien indiquée par le caractère commun à tous ses représentants de l'extrémité de la queue libre et reposant sur la membrane interfémorale, qu'on éprouve quelque répugnance à la partager.

Mormops Blainvillii, Leach, *Trans. Lin. Soc.*, XIII, 77, tb. 7. — *Peters, Abhandl. de K. Acad. de W. z. Berlin*, 1857, 287, tb. *I*. (Pl. 15, f. 5.)

Formes grêles, élancées; pattes postérieures très-longues et grêles; les cuisses surtout, qui sont aussi longues que les tibias. Membrane fémorale très-grande, soutenue par de très-grands éperons. Queue atteignant le milieu de cette membrane ; son petit bout, composé de trois vertèbres rudimentaires, libre en dessus; la partie enveloppée, composée de cinq vertèbres. Corps grêle. Tête globuleuse. Poils très-longs et très-abondants, d'un brun-bai uniforme, soyeux et couchés, point laineux ; ceux du dos ayant la pointe brune. Membranes brunes, longuement et abondamment poilues le long des flancs, à la face inférieure. Le bas de l'aile, enveloppant le bas du tibia, *et venant s'insérer le long de l'éperon* jusqu'au milieu de sa longueur. — Les lèvres supérieures sont bordées de poils très-longs qui forment comme des moustaches, lesquelles vont en augmentant de longueur du nez à l'angle de la bouche, où elles se terminent par une espèce de pinceau. Les membranes très-compliquées de la tête exigent une description spéciale, car elles sont si fortement garnies et bordées de longs poils, qu'elles disparaissent chez les individus desséchés, et la tête est si poilue, tant en dessus qu'en dessous, qu'on a souvent peine à les retrouver.

Ces replis nombreux de la figure correspondent, chez nos individus, assez exactement à ceux que Peters a figurés. Les oreilles sont très-larges, mais le pavillon est court ; il se prolonge sous la forme d'un large repli qui contourne la joue en dessous et qui gagne l'angle de la bouche, pour se continuer ensuite le long de la lèvre supérieure. Sous l'œil, il donne naissance à un lobe prononcé qui correspond à l'antitragus. Son bord est tellement enfermé dans les poils qui le garnissent, que sa forme est difficile à saisir. Le bord supérieur interne du pavillon est échancré, de façon à dessiner un petit lobe ; un peu plus bas il offre une seconde échancrure, qui est suivie d'un grand lobe très-poilu, soudé au pavillon, et qui se continue sous la forme d'un feuillet oblique jusqu'à la base du nez. Mais, avant de l'atteindre, il forme un lobule transversal qui s'en détache à moitié, et qui se trouve juxtaposé au lobule symétrique situé de l'autre côté de la face. Les sinuosités de cette membrane affectent quelquefois l'apparence trompeuse de plusieurs crêtes successives. On voit encore dans le pavillon de l'oreille un pli oblique qui part de l'angle supérieur interne de ce dernier, et qui se dirige vers le tragus, mais sans l'atteindre; cette membrane est presque nue. L'oreillon est très-compliqué : étroit à sa base, puis très-dilaté; il se termine par trois lobes, dont l'antérieur petit; le mitoyen plus grand, obtus; le postérieur allongé (plus que sur la figure citée). Ces lobes ne sont pas placés tout à fait dans le même plan. Le pavillon des oreilles est passablement nu, ou garni de poils ras, ainsi que l'espace situé en arrière de l'œil, et que l'oreille peut recouvrir; mais la face externe des oreilles, sauf leur extrémité supérieure, et les membranes, sont longuement poilues, littéralement cachées sous les poils qui y adhèrent. Les deux prolongements membraneux qui partent des oreilles, et qui s'étendent jusqu'à la base du nez, peuvent ou se relever ou se coucher, et s'appliquer sur la face supérieure de la tête; en se couchant, ils se touchent par leur bord interne (ou supérieur). La portion du crâne que ces replis poilus tapissent, lorsqu'ils se couchent, est complétement nue. Les appendices du menton sont comme chez l'individu figuré par Peters, mais un peu moins larges. On trouve d'abord un écusson verruqueux, échancré à son bord inférieur et bilobé; puis un grand repli membraneux, dépourvu de longs poils, fendu au milieu, largement bilobé, et qui se soude sur les côtés avec des lobules multiples; enfin, en dessous, ou en arrière, on trouve encore un troisième repli médian arqué, point échancré et garni de longs poils, comme le reste du menton. Le nez porte divers petits bourrelets qui sont déformés chez nos individus desséchés; on voit seulement, chez ceux-ci, que les narines sont percées dans des renflements piriformes.

Longueur du corps et de la tête........	0^m,066
Longueur de l'avant-bras............	0^m,051
Longueur du fémur.................	0^m,025
Longueur de la queue...............	0^m,024
Longueur de l'éperon...............	0^m,024
Longueur de la membrane fémorale....	0^m,042

Habite les parties chaudes du Mexique. Nos individus ont été tués près d'Uvero.

Famille des PHYLLOSTOMIDES.

Quatre phalanges au doigt du milieu. Narines percées dans un écusson membraneux, en forme de fer à cheval, surmonté d'une feuille membraneuse, ou s'ouvrant au milieu de divers replis et bourrelets qui couvrent une partie de la face.

Les Chauves-Souris qui appartiennent à cette famille, examinées au point de vue de leurs dents, permettent de distinguer trois types dans la forme des molaires. Les unes ont une couronne large, excavée et prolongée, à leur bord externe, en une lame tranchante et très-saillante. D'autres offrent des molaires plus ou moins compliquées, garnies des replis de l'émail, qui dessine en général un W. Enfin les Phyllostomides de la troisième catégorie ont des molaires très-comprimées, très-allongées dans le sens antéro-postérieur; leurs prémolaires affectent la forme de dents de Squales et sont espacées; leurs vraies molaires sont couvertes de tubercules aigus, mais n'offrent pas de replis réguliers de l'émail.

Les incisives des Phyllostomides se présentent sous deux formes principales. Chez la plupart des espèces, elles sont serrées les unes contre les autres; à la mâchoire supérieure, les moyennes sont grandes et forment, par leur réunion, une lame saillante. Chez les autres espèces, les incisives sont petites, espacées, souvent lobées.

De ces différentes variétés de dents, il résulte cinq combinaisons, qui donnent lieu à autant de tribus (1).

Tribu des CENTURIONIENS.

Dents molaires appartenant au premier type, c'est-à-dire à couronne large, excavée et terminée en dehors par une lame tranchante. Incisives supérieures petites et espacées. Aucune feuille nasale, ni fer à cheval autour des narines, mais la figure couverte de bourrelets et de replis membraneux compliqués. Face très-raccourcie. La mâchoire, incapable de se fermer à sa partie antérieure, restant largement entr'ouverte derrière les lèvres (quand même les molaires inférieures appuient contre les supérieures) et donnant issue à une langue courte et papilleuse.

Genre CENTURIO, Gray.

Tête aplatie; face extraordinairement raccourcie, à peau nue et formant des replis très-compliqués, qui donnent à l'animal une figure grimaçante. Oreilles compliquées, à pavillon bilobé. Dents au nombre de 28. Incisives, $\frac{1\ 1\ 1\ 1}{4}$; canines, $\frac{1-1}{1-1}$; prémolaires, $\frac{2-2}{2-2}$; molaires, $\frac{2-2}{2-2}$. Queue nulle; membrane fémorale petite, échancrée; ailes offrant, entre le quatrième et le cinquième doigt, des bandes transversales subtransparentes.

Ce genre curieux est encore assez peu connu pour que nous croyions utile d'en donner la description détaillée.

La tête est globuleuse, aplatie de haut en bas, aussi large que longue, à face extraordinairement large ou ob-

(1) Nous ne nous occupons pas ici de celle des *Desmodiens*, que nous n'avons pas rencontrée au Mexique.

tuse (1). Sa peau est nue, sauf à l'occiput, et forme des replis compliqués et difformes, dont les principaux sont : une éminence carrée, épaisse, placée au-dessus de la lèvre supérieure entre les narines; en dehors de celle-ci, de chaque côté, un bourrelet arqué, avec trois verrues. Du sommet de ce renflement médian part un canal placé entre des bourrelets compliqués (2) et qui aboutit, plus en arrière, contre un repli membraneux, transversal, relevé, arrondi, presque trilobé. Plus en arrière, on voit un grand repli membraneux, circonscrit au premier, tenant aux oreilles et, plus en arrière encore, un troisième pli membraneux élevé. Les lèvres sont verruqueuses, comme chez les *Stenoderma*, et le menton offre, en dessous, trois ou quatre grands replis compliqués de la peau. Les oreilles offrent, à leur base, sur leur bord externe un lobe presque séparé et, à leur angle supérieur, un grand lobe séparé en forme de fève allongée, placé au-dessus du tragus. Le pouce a ses deux phalanges libres : l'index possède une phalange; le doigt du milieu, trois. La queue est nulle et la membrane interfémorale peu développée, mais aussi, peu échancrée. La peau des ailes offre, entre le quatrième et le cinquième doigt, une structure particulière, qui consiste en bandes transversales où la peau est transparente ; ces bandes sont elles-mêmes traversées par de petites fibres longitudinales. On voit un petit espace qui offre la même structure en deçà du cinquième doigt et au delà du quatrième. Les dents sont placées sur un arc qui est plus large que long,

(1) La face rappelle un peu la physionomie grimaçante des Singes à figure aplatie. Lichtenstein et Peters remarquent avec raison que cette Chauve-Souris est, de tous les Mammifères, celui qui a la tête la plus courte et la plus obtuse. La partie faciale du crâne est extraordinairement petite, comparée à la partie encéphalique; mais la figure est placée sur un plan horizontal qui se continue avec le sommet de la tête (un peu comme chez les Grenouilles) non sur un plan vertical.

(2) L'analogue des éminences verruqueuses des Phyllostomes, comme l'indiquent bien les auteurs cités.

vu la forme extraordinairement obtuse du museau. Les incisives supérieures sont très-écartées, les inférieures serrées; les canines ont leur face externe qui regarde en avant; non latéralement comme chez les autres Chauves-Souris, ce qui tient encore à la forme extraordinairement large et obtuse de la bouche. Les canines et les prémolaires inférieures ont leur face externe taillée comme si elles s'usaient par cette face; il en est de même de la première prémolaire supérieure.

Le système dentaire des *Centurio* offre une frappante analogie avec celui des *Artibalus*, car les vraies molaires supérieures ont leur bord externe comprimé, en forme de lame tranchante, et la couronne est fortement creusée, au lieu d'offrir des replis en forme de W ou des pyramides diverses. Cette analogie est péremptoire et elle suffit pour isoler les *Centurio* de toutes les autres Chauves-Souris. Elle se complète encore par la largeur de la mâchoire, si constante chez les Sténodermiens; seulement ici ce caractère est exagéré. Enfin, lorsque les deux mâchoires sont serrées l'une contre l'autre, la bouche n'est pas fermée; il reste un vide entre les incisives supérieures et inférieures, comme chez les *Artibalus*; mais ici ce vide est bien plus grand, car même l'extrémité des canines inférieures reste encore très-éloignée des incisives supérieures.

Le crâne a une forme très-singulière; sa partie faciale est extraordinairement raccourcie, à tel point que le conduit acoustique s'ouvre au milieu de la longueur du crâne. La mâchoire inférieure est plus large que longue, et le sommet de la tête est parcouru par une très-forte crête. La langue est très-courte et triangulaire. La partie supérieure de la trachée-artère est renflée en forme de fuseau. MM. Lichtenstein et Peters, du mémoire desquels nous avons extrait la plupart des observations qui précèdent, attendu que leur travail laissait peu de choses à ajouter, ont montré avec évidence que le genre *Centurio* ne pouvait prendre place que dans la famille des Phyllostomides. M. Gray, déjà, avait laissé entrevoir ce rapprochement, en se basant avec justesse sur la présence de la troisième phalange au doigt du milieu, caractère spécial aux Phyllostomes (1). D'ailleurs, il suffit de jeter un coup d'œil sur la dentition, pour voir que les molaires tranchantes rappellent exactement celles des Phyllostomides de la tribu des Sténodermiens, type qui ne se retrouve dans aucune autre famille des Chéiroptères.

MM. Lichtenstein et Peters montrent que le renflement carré qui domine le milieu de la lèvre supérieure est l'analogue de la feuille nasale des Phyllostomes; mais, quand même cela ne serait pas, je crois qu'il n'y aurait pas là une raison suffisante pour séparer les *Centurio* des Phyllostomides, puisque la feuille nasale se retrouve dans d'autres familles et qu'elle n'est pas un caractère exclusif des Phyllostomides.

Le genre *Centurio* établit une espèce de liaison entre les Phyllostomides et le genre *Mormops* par la complication de ses membranes crâniennes et jugulaires, et par celle de ses oreilles.

Centurio mexicanus. Supra fusco-subrufescens, in occipite et humeris grisescens; pilis albidis, basi et apice fuscis; subtus pallidus, collo et humeris pallidioribus, gula albicante; utrinque macula ante humeros alba; dentes incisivi mediani apice trilobati.

Pour les replis de la face, nos individus correspondent parfaitement à la description et aux figures que Lichtenstein et Peters ont données du *C. flavogularis* (2), si ce n'est que, étant desséchés, les replis membraneux postérieurs de la face ont presque disparu et que l'antitragus est plus allongé et dentelé à son bord inférieur. Le grand

(1) Les auteurs allemands ont, à tort, rejeté ce caractère, qu'ils prétendent, par erreur, se retrouver chez plusieurs *Vespertilions*, en particulier chez le *V. noctula*.

(2) Lichtenstein et Peters, *Ahandl. der Akad. der Wissensch. zu Berlin*, 1854, p. 81, pl. 1.

lobe supérieur de l'oreille est longuement cilié. Les incisives supérieures moyennes ne sont pas bifides chez nos individus, comme chez l'espèce citée, mais trilobées au bout. Le pelage est d'un brun un peu rougeâtre en dessus, mais beaucoup moins roux que ne l'indique la figure qui accompagne le mémoire allemand ; il devient plus clair vers la partie antérieure du dos; ses poils sont blanchâtres, avec les deux extrémités brunes. Le ventre est pâle, d'un gris-brun légèrement fauve; ses poils sont unicolores, avec la pointe seulement un peu plus pâle. La gorge est blanche, couverte de poils ras, et l'on voit, le long de la ligne médiane du ventre, la trace d'une raie blanchâtre. De chaque côté, à la base de l'humérus, est une tache d'un blanc pur. Les membranes sont noirâtres, mais fortement revêtues de poils, jusqu'à une grande distance du corps et tout le long des bras. L'aile s'insère au milieu du métatarse. La tête est nue dans presque toute son étendue ; elle l'est même en arrière des oreilles; le poil de la nuque vient se terminer sur l'occiput, sous la forme d'un triangle, dont la pointe s'insère sur la crête des pariétaux.

Longueur du corps et de la tête.........	0^m,065
Longueur de l'avant-bras.............	0^m,045
Longueur de la membrane interfémorale.	0^m,012
Longueur de l'éperon..................	0^m,006

Chez un individu femelle, les poils du cou tirent au blanc jaunâtre.

Habite les régions chaudes du Mexique.

Notre espèce diffère de celle de Lichtenstein et Peters 1° Par la taille moindre; 2° par la couleur générale du pelage, qui est moins rousse; 3° par la gorge et les taches humérales, qui sont blanches ; 4° par la forme des incisives moyennes ; 5° par la membrane interfémorale plus courte (1).

Peut-être ces divergences tiennent-elles seulement à ce

(1) Ceci pourrait s'expliquer par une exagération sur la figure.

que nos individus sont un peu plus jeunes ou tués dans une autre saison. D'ailleurs, l'individu du muséum de Berlin était conservé dans l'alcool, ce qui peut bien avoir altéré sa couleur. Cette cause suffirait pour expliquer la teinte jaunâtre de la gorge et des taches humérales.

On peut enfin se demander si les dents du *C. senex* de Gray sont bien coniques, comme l'indique la description, et si cette Chauve-Souris, qui est probablement originaire de l'Amérique méridionale (mais certainement pas d'Amboine), n'est pas encore la même espèce. Il reste donc à éclaircir si les *Centurio* connus jusqu'à ce jour doivent ne former qu'une seule espèce ou s'ils doivent en former trois.

Tribu des Sténodermiens (1).

Museau obtus; dents ne dépassant pas le nombre 32 ; offrant toujours $\frac{4}{4}$ incisives et $\frac{2}{2}\frac{—}{}\frac{2}{2}$ prémolaires. La troisième et la quatrième molaire supérieure larges, à couronne excavée et à bord externe, tranchant et saillant ; la deuxième prémolaire, tant en haut qu'en bas, en général longue et pointue, beaucoup plus grande que la première ; les incisives serrées, les supérieures médianes grandes,

(1) Cette tribu a été établie par M. Gervais, et l'on doit s'étonner qu'on n'ait pas plus tôt séparé du genre *Phyllostoma* les types qui la composent.

M. Gray, tout en créant un grand nombre de genres basés sur les caractères extérieurs, dont quelques-uns assez secondaires, n'a point montré la différence essentielle que le système dentaire établit entre un certain nombre de ces genres et les autres. Dans un travail que j'avais préparé en 1853, en classant la collection des Chéiroptères istiophores de la collection de Paris, et que je comptais publier sous le nom de *Monographie des Chauves-Souris à quatre phalanges*, j'avais déjà établi cette distinction et j'étais arrivé aux mêmes quatre groupes que M. Gervais, quoique avec quelques divergences dans leur subdivision, comme on le verra plus bas.

ayant souvent leur bord lobulé, parce qu'elles ne s'usent pas contre les inférieures, vu l'espace ouvert qui subsiste entre les incisives supérieures et les inférieures, lorsque la bouche est fermée ; les latérales petites. Langue courte ou médiocrement longue; face verruqueuse. Appendices nasaux composés d'un fer à cheval surmonté d'une feuille. Queue nulle ou rudimentaire; membrane fémorale en général petite, souvent nulle.

Classification des Sténodermiens (1).

I. **Molaires au nombre de $\frac{4}{4}$.**
  - **Queue nulle, membrane fémorale rudimentaire.................................** *Stenoderma* (2).
  - **Queue nulle, membrane fémorale médiocre, échancrée.............................** *Dermanura.*

II. **Molaires au nombre de $\frac{4}{5}$.**
  - **Queue nulle, membrane fémorale échancrée.** *Artibœus.*

III. **Molaires au nombre de $\frac{5}{5}$.**
  - **Queue nulle..........................**
  - **Membraue fémorale rudimentaire..........** *Sturnira.*
  - **Membrane fémorale médiocre, échancrée...** *Platyrrhinus* (3).
  - **Queue courte, membrane fémorale échancrée.................................** *Brachyphylla.*

Comme on le verra par la comparaison, cette classification ne s'accorde pas en tous points avec celle qu'adopte M. Gervais. Ceci s'explique, par le fait qu'il s'est glissé quelques *lapsus calami* dans le travail de ce dernier, à propos de ses genres *Pteroderma* et *Artibœus.* Ainsi l'auteur indique pour le premier 32 dents, tandis que sa formule dentaire (parfaitement conforme à la figure)

(1) Je ne parle pas ici du genre *Diphylla*, Spix, qui est très-mal connu, non plus que des genres *Trachops* et *Nyctiplanus*, Gray, qui ont été imparfaitement décrits.

(2) Les *Dermanura* ne méritent guère d'être séparés des *Stenoderma*, car il n'y a pas entre eux de limite bien appréciable.

(3) Ce genre, que M. Gervais a désigné, à tort, par le nom d'*Artibœus*, ne mérite guère non plus d'être distingué du genre *Sturnira*.

n'en donne que 30, et pour le second 34, tandis que les trois figures des dents de ses trois espèces n'en offrent que 32. Ensuite l'auteur a transporté le genre *Artibæus* de Leach, à un genre qui méritait un nom nouveau (*Platyrrhinus*), et, par suite de cette erreur, il a été conduit à donner un nouveau nom (*Pteroderma*) à l'ancien genre *Artibæus*, Leach. Ceci deviendra évident dans les observations ci-dessous qui se rapportent à ces genres.

Genre STENODERMA, Geoff.

Museau très-court, très-obtus ; lèvres très-verruqueuses ; feuille nasale en forme de fer de lance. Dents au nombre de 28 ; incisives, $\frac{1\ 1\ 1\ 1}{4}$; canines, $\frac{1}{1}-\frac{1}{1}$; prémolaires, $\frac{2}{2}-\frac{2}{2}$; vraies molaires $\frac{2}{2}-\frac{2}{2}$.

ST. TOLTECA (1) (pl. 15, fig. 4). Parvus, fusco-nigrescens ; prosthema nasale elongatum, in medio carinatum ; auriculæ margine externo excisæ et emarginatæ ; tragus valde acuminatus, extus denticulatus ; patagium femorale valde excisum, rudimentarium.

Taille petite. Tête très-obtuse, comme chez l'*Artibæus jamaicensis*. Vraies molaires, $\frac{2}{2}-\frac{2}{2}$; la petite arrière-molaire de la mâchoire inférieure manquant. Feuille nasale très-allongée, lancéolée, ayant le milieu occupé par un bourrelet épais, qui s'étend dans toute sa longueur et qui forme sa pointe ; ses lobes latéraux forment un ovoïde allongé, mais ne s'étendant pas jusqu'à son extrémité. Oreilles assez petites, obtuses au bout, à bord interne très-arqué, au point de former un lobe à sa base ; à bord externe très-fortement excisé et offrant une forte échancrure au milieu de sa longueur, au-dessous de laquelle est un petit lobule ; son extrémité inférieure formant presque un autre petit lobe. Oreillon n'atteignant pas le mi-

(1) Cette espèce est intermédiaire entre le genre *Stenoderma* et le genre *Dermanura*, Gerv., ce qui montre combien ces genres, basés sur la grandeur relative de la membrane fémorale, sont peu satisfaisants.

lieu de l'oreille, large, terminé en pointe aiguë, offrant à son bord externe trois dentelures prononcées. Membrane fémorale très-fortement excisée, ne formant qu'une bande étroite autour des cuisses, et supportée par de très-courts éperons. Ailes insérées presque à la base des métatarsiens.

Longueur du corps et de la tête.	0m,060
Longueur de l'avant-bras...............	0m,041
Longueur de la feuille nasale avec le fer à cheval............................	0m,010
Longueur des oreilles à leur face externe.	0m,010-11
Longueur des éperons..................	0m,004
Largeur de la membrane fémorale à l'anus	0m,0045
Largeur au genou......................	0m,0065

Pelage d'un gris de fumée obscur sur le dos; les poils étant d'un gris uniforme, avec l'extrême bout un peu plus obscur; les parties ventrales un peu plus pâles, les poils étant aussi unicolores; les côtés du cou assez obscurs. Bras revêtus de poils brun foncé. Membranes noirâtres, fortement garnies de poils autour des bras et du corps; ces poils laineux, obscurs en dessus, pâles en dessous; la membrane interfémorale très-poilue autour du coccyx.

Cette petite epèce se rapproche le plus du *Phyllostoma bilabiatum*, Wagn., mais elle n'a pas de taches blanches et la membrane fémorale me paraît être plus fortement excisée.

Genre Artibæus, Leach.

Synonymes : *Madatæus*, Leach. — *Pteroderma*, Gerv., l. c. 34.

Face courte ; feuille nasale en fer de lance. Dents au nombre de 30. Incisives, $\frac{1\ 1\ 1\ 1}{4}$; canines, $\frac{1\ 1}{1\ 1}$; prémolaires, $\frac{2\ 2}{2\ 2}$; molaires, $\frac{2\ 2}{3\ 3}$.

Dans ce genre la deuxième prémolaire supérieure offre un fort talon ; elle est très-longue et pointue, ainsi que l'inférieure ; les molaires suivantes sont, au contraire, larges et beaucoup moins élevées. Ce genre ne diffère du genre *Stenoderma* que par la présence d'une petite arrière-molaire à la mâchoire inférieure ; le reste du système dentaire et le facies extérieur sont identiques ; il semble donc presque superflu de séparer ces deux genres.

Observation.—Comme je l'ai indiqué plus haut, ce genre serait, pour M. Gervais, le genre *Pteroderma*, parce qu'il n'offre que $\frac{4}{5}$ molaires. Selon cet auteur, les *Artibœus* auraient $\frac{5}{5}$ molaires ; mais ceci est une erreur manifeste, car Leach indique expressément (1), tant pour le genre *Artibœus* que pour le genre *Madatœus*, son synonyme, $\frac{4}{5}$ molaires seulement. C'est donc à tort que l'on donnerait ce nom à des Sternodermiens qui possèdent $\frac{5}{5}$ molaires.

A. JAMAICENSIS, Leach, l. c. —*Madatœus Lewisii*, l. c.

La variété qui habite le continent de l'Amérique méridionale est de taille un peu plus grande que celle qui vit aux Antilles ; mais la feuille nasale et les verrues de la lèvre inférieure sont de forme identique.

Longueur du corps et de la tête..........	0m,073
Longueur de la feuille nasale, y compris le fer à cheval........................	0m,012-11
Longueur de la feuille nasale seule......	0m,0075-70
Longueur de l'avant-bras...............	0m,055

Les Chauves-Souris de cette espèce habitent en quantités considérables les cavernes de Cuba, et elles s'y dirigent sans peine au moyen de leurs membranes nasales. Elles tapissent les voûtes de ces grottes en si grand nombre, que d'un seul coup de fusil j'en ai abattu plus de trente. J'ai aussi tué cette espèce au Mexique. Les individus qui vivent dans ce pays ne me semblent différer de ceux de Cuba que par une taille un peu supérieure (avant-bras, 0m,057). Ce Stenodermien se confond probablement avec l'*Artibœus perspicillatus*, Geoff. (*Stenoderma perspicillatum*, Gerv., loc. cit.).

(1) Linn., *Transactions*, XIII, 75.

Genre Sturnira, Gray.

Museau obtus, mais un peu moins que chez les genres qui précèdent. Dents au nombre de 32. Prémolaires, $\frac{2-2}{2-2}$; molaires, $\frac{3-3}{3-3}$ (membrane fémorale rudimentaire ou nulle).

Les types de ce genre sont le ***Stenoderma chilensis***, Gerv., Hist. fisico de Chile, Mammif., pl. I, et le ***St. Lilium***, Geoffr.

Je n'ai trouvé aucun représentant de ce genre au Mexique, mais il est probable qu'on en trouvera.

Genre Platyrrhinus (1).

Synonymie : *Artibacus*; Gray, Voyage de Castelnau, zool.

Tout à fait semblable au *G. Sturnira*, 32 dents. Incisives, $\frac{1\ 1\ 1\ 1}{4}$; canines, $\frac{1-1}{1-1}$; prémolaires, $\frac{2-2}{2-2}$; molaires, $\frac{3-3}{3-3}$. L'arrière-molaire est très-petite.

Ce genre ne doit former qu'une subdivision des *Sturnira*, et je ne le cite ici que pour empêcher que la confusion avec les Artibacus ne se perpétue. L'espèce la plus vulgaire est le *Pl. lineatus*, Geoff. (*Artibæus lineatus*, Gerv., l. c., 35). Brésil. On connaît encore le *Plat. undatus*, Gerv. (*Artibæus undatus*, Gerv., l. c.). — Le *Plat. jamaicensis*, Gerv., l. c., 35 (syn. excl.), espèce évidemment différente de celle désignée sous le nom d'*Artibæus jamaicensis*, par Leach (2), puisque Gervais lui donne $\frac{5}{5}$ molaires et qu'il les figure. Ce doit être une espèce nouvelle ou un des nombreux Sténodermiens de Cuba qui ont été décrits sous les noms de *Phyll. jamaicensis*, Horsf., — *falcatum*, Gray, etc.

(1) Πλατύῤῥις, ινος, *qui a un large nez.*

(2) Voyez ci-dessus notre *Artibæus jamaicensis*.

Tribu des VAMPIRIENS.

Museau étroit et assez allongé. Dents au nombre de 32 à 36; vraies molaires, toujours au nombre de $\frac{3}{3}-\frac{3}{3}$: la première et la seconde de la mâchoire supérieure portant des lames d'émail disposées en forme de W, d'autres fois seulement des tubercules aigus, mais leur couronne n'étant pas creusée et n'offrant pas un bord externe tranchant, comme chez les Sténodermiens. Incisives serrées; les supérieures mitoyennes très-grandes, s'usant contre les inférieures; les latérales très-petites, usées par les canines inférieures, souvent caduques. Toujours sur le nez, un fer à cheval membraneux, surmonté d'une feuille nasale. Lèvre inférieure verruqueuse, mais non fendue. Langue longue et extensible.

1re SECTION. — *Vraies molaires ayant leur couronne garnie de pyramides ou offrant un W plus ou moins distinct. Aux supérieures, le bord externe plus saillant que l'interne. Membrane fémorale échancrée ou incomplète.* (transition aux Sténodermiens).

Cette catégorie a été divisée comme suit :

I. Molaires au nombre de $\frac{5}{5}$.
   - Une queue plus ou moins longue, enveloppée, n'atteignant pas le bout de la membrane fémorale.......... *Phyllostoma.*
   - Pas de queue, membrane fémorale échancrée.......... *Carollia.*

II. Molaires au nombre $\frac{5}{6}$.
   - Queue courte, enveloppée, membrane interfémorale échancrée.......... *Schizostoma* (1).

(1) On doit ce genre à M. Gervais. Je ne le connais pas, mais je ne doute pas qu'il ne rentre dans cette section.

Genre CAROLLIA, Gray (1).

Dents au nombre de 32. Prémolaires, $\frac{2}{2}$; molaires, $\frac{3}{3}$;

(1) *Magazin of zool. and botany.* 1842.

vraies molaires ayant la couronne garnie de pyramides plus ou moins aiguës. Museau assez allongé ; pas de queue.

Les vraies molaires sont souvent tuberculeuses ; la première prémolaire supérieure est plus longue que la deuxième, et les deux prémolaires inférieures sont peu élevées, ne formant pas une longue pointe.

Ce genre, envisagé comme il est ici, ne correspond point à celui que M. Gray a établi sous ce nom, car cet auteur a encore subdivisé le groupe des *Phyllostoma* dépourvus de queue, et en a basé les coupes sur la longueur relative de la membrane interfémorale, caractère de très-petite valeur, puisque les mêmes variations s'observent dans tous les groupes de la famille des Vampirides. Il suffit parfaitement de se borner à deux genres basés sur la présence ou l'absence de la queue, organe qui est lui-même un caractère de peu de valeur, puisque la queue diminue graduellement jusqu'à devenir nulle (1).

L'espèce qui suit appartient au groupe de celles dont la membrane fémorale est échancrée.

CAROLLIA AZTECA (pl. 20, fig. 1). Supra fusca, vel fusco-rufa, subtus pallidior ; caput, collum et pectus subrufescentia ; rostrum elongatum ; frons elongato-lanceolata ; auriculæ breves, excisæ, an-

(1) On est presque toujours obligé de prendre les genres de M. Gray dans un sens autre que celui qu'il leur attribuait ; car les caractères extérieurs sur lesquels il base ses coupes ne correspondent pas toujours à ceux qu'on tire des dents, auxquels il faut donner la préférence. Pour pouvoir conserver les noms de genre de l'auteur, on est obligé de les appliquer au genre dans lequel rentre l'espèce typique qui lui a servi à l'établir, mais en définissant le genre d'une tout autre façon, et souvent en écartant toutes les autres espèces qui, d'après sa méthode, rentreraient dans le genre. A vrai dire, ceci ne peut se faire qu'avec beaucoup de bonne volonté, car, les genres admissibles se croisant avec les siens, on serait autorisé à rejeter des noms qui n'ont été imaginés que pour des coupes empiriques dont les éléments doivent être disloqués et répartis dans d'autres. Ainsi, d'après les diagnoses de l'auteur anglais, le genre *Carollia* pourrait contenir bien des *Artibæus*, et *vice versâ*.

titrago subelongato; membrana femoralis lata, paulum excisa; calcaribus magnis.

Exactement de la taille du *Ph. brachyotum*, ayant les mêmes formes, mais s'en distinguant par l'antitragus, qui est lancéolé et pointu.

Museau allongé et pointu. Dents molaires, $\frac{5}{5}$; les deux incisives moyennes supérieures très-grandes. Feuille nasale en fer de lance, allongée et terminée en pointe, n'offrant pas de bourrelet médian. Oreilles petites, fortement excisées à leur bord externe; antitragus suballongé, terminé par une pointe obtuse et échancré près du bout, à son bord postérieur (fig. 1[a]). Membrane fémorale médiocre, échancrée assez angulairement et aussi large que longue, vu la grandeur de l'éperon (lequel a 7 millimètres de longueur). Membrane des ailes atteignant le tarse, mais s'insérant un peu moins bas que la membrane fémorale (fig. 1). Pelage des parties dorsales d'un brun marron, devenant un peu roussâtre sur les bras, sur la tête et sur les côtés du cou. Couleur des parties ventrales d'un gris-brun pâle, insensiblement taché de roux sur la poitrine. Les poils du dos noirâtres à la base, puis blanchâtres au milieu, puis bruns au bout; ceux du ventre gris à la base, brun pâle au bout. Membranes noirâtres, peu poilues au voisinage du corps.

Longueur de la tête et du corps.........	0m,072
Longueur de l'avant-bras..............	0m,042
Longueur de l'oreille libre...............	0m,013
Longueur de la feuille nasale avec le fer à cheval............................	0m,010-09
Largeur de la membrane fémorale à l'anus.	0m,013
Longueur des éperons..................	0m,007-8
Envergure............................	0m,250-60
Largeur de l'aile à 1 pouce du corps....	0m,055

Quatre individus ♂, ♀ sont identiques.

Habite les régions chaudes et tempérées du Mexique.

Cette espèce ressemble parfaitement au *Ph. brachyotum*,

si ce n'est que l'antitragus n'est pas raccourci. Toutefois l'envergure est moindre que 12 pouces, que Burmeister donne pour le *Ph. brachyotum*. Notre espèce paraît avoir, au contraire les ailes plus larges et plus courtes que celle du Brésil).

Un *Ph. brachyotum*, que j'ai reçu de Bahia, au Brésil, a le pelage d'un brun plus marron, le ventre moins cendré, avec ses poils bruns à la base (non cendrés) et le corps un peu moins grand.

Variété. — Nous possédons quelques individus qui diffèrent du type décrit par les caractères suivants, qui ne constituent probablement pas une espèce. La couleur est un gris de fumée, noirâtre sur le dos, plus pâle à la face antérieure du corps et un peu argenté (mais toujours de nuance noirâtre et non brune). Les poils du dos sont noirâtres à la base, plus pâles au milieu, puis gris noirâtre au bout; mais le noirâtre de la base s'étend moins loin que chez l'espèce citée, tandis que le gris blanc du milieu du poil est plus étendu. Les poils du ventre sont d'une couleur presque uniforme dans toute leur étendue; leur pointe terminale seulement est grisonnante-argentée. (La feuille nasale est peut-être un peu plus large, en ce sens qu'elle se rétrécit moins vite. L'antitragus est plus allongé, plus étroit. Mais ces apparences pourraient, à la rigueur, être la suite de la dessiccation.)

Il faut ajouter qu'on distingue les deux variétés, à première vue, à la couleur du pelage, étant, la première, d'un brun fauve, et la seconde, au contraire, d'un gris noirâtre, sans trace de brun roussâtre. Cette variété a été tuée dans les mêmes localités que le type.

2e Section. — *Molaires offrant des replis d'émail distinctement en forme de W. Membrane interfémorale très-grande, remplissant, en général, tout l'espace compris entre les jambes et tronquée d'un éperon à l'autre.*

Les genres qui paraissent rentrer dans cette section sont les suivants :

I. Molaires au nombre de $\frac{5}{5}$.
  Queue atteignant le bout de la membrane fémorale ..... *Macrophyllum.*
  Queue n'atteignant pas le bout de la membrane fémorale ..... *Phyllostoma.*
II. Molaires au nombre de $\frac{5}{6}$.
  Queue dépassant la membrane fémorale ..... *Macrotus.*
  Queue plus courte que la membrane fémorale ..... *Lophostoma.*
  Pas de queue ..... *Vampirus.*

Ces genres sont probablement trop nombreux (1).

La grandeur de la membrane interfémorale et les formes extérieures, en général, impriment à tous ces animaux un cachet particulier qui frappe au premier coup d'œil. Les dents ont une forme presque identique chez tous; les incisives sont très-resserrées entre les canines; souvent les canines inférieures se touchent par leurs talons, et les incisives mitoyennes sont placées devant; tandis que les latérales sont rejetées devant les mitoyennes et sont à cause de cela, sujettes à tomber. La tête est très-grande; le museau très-allongé, sans être cependant très-étroit; il est même obtus au bout, quoique peu large, et paraît légèrement renflé, à cause de la convexité des lèvres. La lèvre inférieure offre un petit triangle lisse et nu, mais sans fissure, et tout autour de cet espace, on voit une large zone poilue, faiblement verruqueuse. Les oreilles sont, en général, extraordinairement grandes et longues (2). La membrane fémorale remplit tout l'espace entre les jambes; elle est supportée par de très-grands éperons et tronquée en ligne droite de l'un à l'autre, point échancrée. Le pelage ventral est, en général, remarquablement argenté. La queue est variable. Le caractère que l'on a tiré de son absence, de sa présence et de sa lon-

(1) Ne possédant pas de représentant du genre *Macrophyllum*, je ne puis en bien apprécier la valeur.

(2) Ce caractère se retrouve, du reste, chez quelques représentants des autres genres; il n'est pas d'une haute importance, et manque chez les *Macrophyllum*.

gueur relative, et sur lequel on a basé l'établissement des genres, est évidemment assez secondaire. Il ne me semble pas suffire pour déterminer la formation de genres aussi nombreux pour ces espèces, d'un facies tout unigénérique.

Dans la famille des *Phyllostomides*, la queue n'a pas la même importance que chez les autres familles des Chéiroptères, où cet organe jouit d'une grande fixité. Ici, au contraire, il est si variable, se montrant fort développé ou complétement nul chez les espèces les plus voisines, qu'il doit évidemment être relégué au second plan. Quant à la soudure des oreilles sur la tête, qui a déterminé M. Gray à former le genre *Macrotus*, c'est un caractère plus accessoire encore, et qui tient seulement à ce que les organes sont si développés qu'ils se rencontrent sur la ligne médiane. Or, chez les autres Phyllostomides, chez les Rhinolophes et chez les Vespertilions, on rencontre des espèces qui possèdent des oreilles très-grandes, beaucoup plus développées que chez la majorité des représentants de ces groupes et qu'on nomme les *oreillards*. Les Vampires ayant tous de grandes oreilles, ceux chez qui les oreilles se soudent sur la tête ne sont, pour ainsi dire, que les types Oreillards (à oreilles exagérées) des Vampires, et ils sont, par rapport aux autres Vampires, ce que les Vespertilions ou Phyllostomes oreillards sont par rapport aux Vespertilions et aux Phyllostomes ordinaires.

Genre TYLOSTOMA, Gerv.

Dents au nombre de 32. Incisives, $\frac{4}{4}$; prémolaires, $\frac{2}{2}\frac{2}{2}$; molaires, $\frac{3}{3}\frac{3}{3}$. Incisives inférieures latérales, quelquefois placées devant les moyennes et souvent caduques. Vraies molaires inférieures très-élevées, à pointes longues et aiguës; les supérieures l'étant moins; la première et la deuxième portant une lame d'émail qui dessine un W, très-distinct, surtout aux supérieures. La troisième vraie molaire inférieure, grande; la supérieure, petite, en forme de lame transversale. Crâne fortement renflé, à front un peu élevé. Museau allongé; membrane interfémorale grande, soutenue par de grands éperons et tendue en ligne droite de l'un à l'autre. Oreilles très-grandes.

T. MEXICANA. Fusca, subtus cinerea; auriculæ perlongæ, latæ, prosthematæ angusto, margine exteriore basi denticulato; patagium femorale maximum, nullo modo emarginatum; cauda minima, calcaribus duplo brevior.

Incisives inférieures bien rangées; feuille du nez longue, ovoïde et lancéolée, offrant de chaque côté, à sa base, un sillon arqué submarginal; ses bords finement dentelés; fer à cheval plus large que la feuille, à bords découpés. Lèvres et menton très-fortement verruqueux; les verrues formant des lobes membraneux; lèvre inférieure partagée par un fort sillon, qui aboutit dans un enfoncement sous la mâchoire. Oreilles très-grandes, arrondies. Oreillon triangulaire, terminé par une lanière étroite, mais n'atteignant pas au milieu de l'oreille, offrant à la moitié inférieure du bord externe trois échancrures et trois lobules. Membrane fémorale grande, point échancrée, supportée par de très-longs éperons, et enveloppant la très-courte queue, qui n'atteint pas même au quart de la longueur de la membrane. Poil très-long et très-fourni, presque laineux. Pelage du dos brun; les poils ayant leur base un peu plus grisâtre et plus pâle. Ventre d'un gris-brun blanchâtre très-pâle; les poils étant brun pâle à la base, avec la pointe décolorée, ce qui donne à la face inférieure du corps une teinte argentée. Membranes brunes.

Longueur de la tête et du corps sans la queue	0m,080
Longueur de l'avant-bras	0m,060
Longueur de la feuille avec le fer à cheval	0m,011-12
Longueur des oreilles mesurées à leur face externe	0m,022
Longueur de la queue	0m,006
Longueur de la membrane fémorale	0m,027
Longueur des éperons	0m,014

Habite les régions chaudes du Mexique.

Cette espèce ressemble parfaitement, pour les formes, au *Vampirus auritus*, Peters, si ce n'est que les membranes du nez sont plus dentelées et que le bord antérieur de l'oreillon ne l'est pas. Elle est, du reste, de taille presque moitié moindre, et ses incisives inférieures sont bien rangées, tandis que l'espèce citée n'en offre que deux, parce que les deux externes ne trouvant pas à se loger entre les canines sont rejetées en avant et tombent.

Genre **Macrotus**, Gray.

Dents au nombre de 34. Incisives, $\frac{4}{4}$. Prémolaires, $\frac{2}{3}\frac{2}{3}$; molaires, $\frac{3}{3}\frac{3}{3}$; *queue grande, dépassant la membrane fémorale ; oreilles soudées ensemble sur la tête.*

Macrotus mexicanus. Supra fuscescens, subtus cinerascens; auriculæ magnæ; frons nasalis subtriangularis, apice obtusiuscula, vix longior quam latior; alæ ante tibiæ apicem insertæ; patagium femorale truncatum, nullo modo excisum, caudæ articulo ultimo superatum.

Le museau est allongé, étroit, mais arrondi et obtus au bout. Les quatre incisives inférieures sont bien rangées. La feuille nasale est petite, subtriangulaire, un peu plus longue que large, unie au fer à cheval. Les narines forment deux boutonnières obliques. La lèvre inférieure offre un triangle nu, entouré d'un large espace poilu et garni de petites verrues. Les oreilles sont excessivement grandes, arrondies, à bords convexes et garnis de longs cils. L'extrémité inférieure de leur bord externe offre un lobe saillant (l'antitragus) et le bord se prolonge ensuite jusque sous l'œil. L'oreillon est grand et large ; son bord externe est droit et offre, vers le bas, des irrégularités; l'interne est convexe; l'extrémité se termine par une lanière étroite. La membrane qui unit les deux oreilles n'a que 5 ou 6 millimètres de hauteur ; elle est poilue et échancrée au milieu. Les pattes sont longues et grêles, mais les éperons sont plutôt courts à proportion. La membrane interfémorale est très-grande, tendue en ligne droite d'un éperon à l'autre, mais point échancrée ; elle est dépassée par la dernière vertèbre de la queue tout entière qui a presque 5 millimètres de longueur. La queue se compose de 5 vertèbres, dont la première, petite. L'aile s'insère au tibia à 2 ou 3 millimètres au-dessus du tarse. — L'individu qui sert de type à cette espèce a été détérioré par un long séjour dans l'alcool, en sorte que le poil était en partie tombé. Ce qu'il en reste suffit cependant pour montrer que le pelage était d'un brun foncé sur le dos, pâle et cendré sur le ventre, et que les poils, tant en dessus qu'en dessous, étaient blanchâtres à la base et bruns au bout.

Longueur du corps et de la tête étendue.	0m,055
Longueur du corps jusqu'au sommet de la tête	0m,042
Longueur de la tête	0m,025
Longueur des oreilles à leur face externe..	0m,021
Largeur des oreilles	0m,016
Longueur de l'oreillon	0m,010
Longueur de la feuille nasale	0m,005
Longueur de la feuille nasale avec le fer à cheval	0m,007
Largeur de la feuille nasale	0m,004
Longueur de l'avant-bras	0m,051
Longueur de la cuisse	0m,023
Longueur du tibia	0m,023
Longueur de la queue	0m,031
Longueur de l'éperon	0m,010

Habite les terres chaudes de la province de Mexico. — J'ai tué cette Chauve-Souris dans les environs de Yautepec, près de Cuautla. Je l'avais d'abord prise pour le *Macrotus Waterhausii*, Gray ; mais ses mesures ne correspondent pas à celles que l'auteur anglais donne pour l'espèce de Haïti, dont la feuille nasale a 5 lignes de longueur, dont le corps est plus grand que chez notre espèce, dont l'éperon a 6 lignes de longueur (1), etc.

(1) Depuis que ce mémoire est sous presse, il m'est tombé sous les

Genre VAMPIRUS, Gray, Gerv.

V. AURICULARIS. Parvulus; auriculæ rhinophyllumque maxima, apice acuminata; tragus longissimus, acuminatus; patagium femorale calcareaque maxima; ala in tibiæ apice inserta; dorsum fulvo-fuscum; venter fulvo-albicans.

Oreilles extraordinairement grandes, très-larges, surtout très-longues et assez pointues; leur bord externe faiblement excisé au bout. On remarque au tiers interne un repli longitudinal de la peau du pavillon de l'oreille. A la base du bord externe de ce dernier est une échancrure qui le sépare de l'antitragus, lequel forme un lobe étroit et arrondi au bout, plus ou moins semblable à un oreillon. Oreillon très-long, très-étroit, terminé en pointe. Feuille nasale ovale, triangulaire, très-longue (renversée en arrière, elle dépassait de beaucoup le vertex), entière, pointue, avec un très-faible bourrelet médian (sa partie libre ayant 0^{m},010 de longueur). Fer à cheval très-grand, plat, ses bords couverts de poils couchés, rayonnants, et longuement cilié; lèvres poilues; ailes partant de l'extrémité du tibia, s'insérant un peu en devant; pouce très-grêle; ses deux phalanges d'égale longueur; la première entièrement enveloppée, la seconde libre. Membrane interfémorale très-grande, soutenue par de très-grands éperons, et tronquée d'un éperon à l'autre; son milieu occupé par une ligne fibreuse, tandis que deux autres sillons obliques gagnent le haut des tibias. Poils très-longs (0^{m},011, sur le dos). Dos d'un brun fauve; les poils blanc fauve à la base et passant peu à peu au gris fauve; la

yeux la description d'un nouveau *Macrotus*, le *M. californicus*, Baird. (*Proced. of the Acad. of Philad.*, 1858, p. 116), qui semble être très-voisin du nôtre; toutefois, sa queue est plus longue et l'oreille me semble s'avancer plus près de l'œil. Il serait cependant bon de comparer les individus des deux provenances.

pointe brun fauve. Dessus de la tête et base de la face dorsale des oreilles et épaules couverts de longs poils blanc fauve ou roussâtres; la gorge plus blanche encore. Le ventre et la poitrine sont fauve pâle, avec les flancs plus obscurs, parce que les poils sont fauve brun avec la pointe blanchâtre et qu'ici cette pointe est à peine apparente (1).

Longueur du corps mesuré du vertex au coccyx	0m,065
Longueur de la portion libre des oreilles	0m,027
Longueur de la feuille nasale	0m,012
Longueur de l'avant-bras	0m,058

Ce Vampire habite le Brésil, et je ne le joins ici que comme espèce voisine de celles qui sont décrites dans cette note. Le type se voit au muséum de Paris.

Observation. Je place provisoirement cette curieuse espèce dans le genre *Vampirus*, quoique je n'aie pu examiner sa dentition; car, par ses autres caractères, elle me fait l'effet de devoir rentrer dans ce genre. L'extrême grandeur des oreilles, du tragus et de la feuille nasale lui donne le facies du *V. spectrum*, mais elle s'en éloigne par des caractères très-nets. Les oreilles sont bien plus grandes à proportion et se terminent d'une manière plus pointue; la feuille nasale est relativement plus grande, plus longue et plus pointue. Comme chez le *V. spectrum*, l'aile ne part pas de la base des orteils, mais de la base du tibia, etc.

(Il est instructif de noter que chez cette espèce, qui, par la grandeur de ses membranes, rappelle les *Macrotus*, le poil prend aussi la finesse qu'on remarque chez ces derniers.)

Tribu des Glossophagiens.

Museau très-étroit et très-allongé (presque en forme de

(1) Cet individu est probablement décoloré; sa couleur naturelle est, sans doute, grisâtre.

bec) ; lèvre inférieure profondément fendue et *partagée par une fissure.* Dents nombreuses, au nombre de 30 à 36. Incisives petites, souvent caduques, surtout les inférieures, espacées et rangées par paires. Molaires inférieures comprimées ; prémolaires grandes, comprimées, presque tricuspides, à pointe médiane longue et très-pointue.—Les os maxillaires, étant très-allongés, permettent aux dents d'occuper chacune un grand espace, malgré leur grand nombre, et même aux prémolaires d'être espacées. — Langue très-longue et très-grêle, se projetant très-longuement hors de la bouche (1). (Feuille nasale petite ; queue et membrane fémorale variables, souvent nulles.)

Ces animaux sont très-facilement reconnaissables à leur longue langue qui fait saillie hors de la bouche, à leur lèvre inférieure qui est fendue et bilobée, et à l'étroitesse de leur long museau. Celui-ci forme comme un fourreau à la langue, laquelle se projette au dehors par le vide que les incisives laissent entre elles. Ces dents paraissent être très-caduques, pour laisser plus de jeu à la langue qui, dans son extension, passe entre les canines et s'étend hors de la bouche, sans que celle-ci ait à s'ouvrir, parce que la lèvre supérieure et les deux lobes de l'inférieure forment une espèce de gaîne dans laquelle cet organe glisse.

Les Glossophagiens volent le soir, en quête d'insectes qu'ils gobent probablement en leur dardant leur langue gluante.

Leach et Gray ont partagé les Glossophages en plusieurs genres basés sur la présence ou l'absence de la queue, et sur la présence de la membrane interfémorale. Ces animaux, étudiés d'après leur système dentaire, ne donnent pas lieu aux mêmes coupes, mais ils offrent néanmoins

(1) Ces animaux, en mourant, projettent la langue hors de la bouche, en sorte que, chez les sujets conservés dans l'alcool, cet organe fait longuement saillie.

plusieurs types de dentition qui indiquent autant de genres. Les canines, étant toujours les mêmes, ne fournissent guère de caractères; les incisives paraissent aussi toujours au nombre de $\frac{2}{3}-\frac{2}{3}$; mais elles ne se trouvent pas toujours au complet, car elles sont plus ou moins caduques et sujettes à manquer. Cette circonstance est, du reste, bien en rapport avec les mœurs de ces Chauves-Souris, qui s'emparent des insectes avec leur langue gluante, ou sucent le sang des quadrupèdes avec les lèvres; les incisives leur sont donc presque inutiles, et ne semblent exister que pour la bonne règle; elles sont même une gêne pour la langue, qui doit se mouvoir entre elles en se projetant par le tube de la bouche. Rudimentaires et mal plantées, elles s'ébranlent et tombent fréquemment, peut-être chassées par les mouvements de la langue. Les molaires, au contraire, varient en nombre d'une manière normale, et permettent de distinguer dans les Glossophagiens quatre types principaux.

Classification des Glossophagiens.

I. Molaires au nombre de $\frac{4}{5}$................ *Ischnoglossa.*
II. Molaires au nombre de $\frac{5}{5}$.
  Queue courte.......................... *Hemiderma* (1).
  Pas de queue, membrane fémorale large.. *Glossophaga.*
III. Molaires au nombre de $\frac{5}{6}$.
  Queue plus ou moins courte............ *Monophyllus* (2).
IV. Molaires au nombre de $\frac{6}{6}$.
  Pas de queue.......................... *Anoura.*

(1) Ces genres *Hemiderma* et *Glossophaga* sont plutôt des sous-genres du genre *Glossophaga*, caractérisé par $\frac{5}{5}$ molaires.

(2) Le genre *Phyllophora*, Gray, rentre dans ce genre de Leach. Gray ne l'en a distingué par aucun caractère. Il n'en diffère que par la présence de 4 incisives à la mâchoire inférieure, tandis que, selon Leach, ces dents feraient défaut, ce qui dépend uniquement de l'âge. (Voyez la note ci-dessus.)

Genre Ischnoglossa (1). (Pl. 20, fig. 2.)

Dents au nombre de 30 seulement.

Incisives, $\frac{2-2}{2-2}$; canines, $\frac{1-1}{1-1}$; molaires, $\frac{4-4}{5-5}$.

Incisives supérieures (fig. 2*b*) écartées, mais rangées régulièrement; les latérales petites et aiguës; les médianes très-larges; les inférieures petites et rangées par paires; canines longues; les supérieures offrant à la base, de chaque côté, un petit talon qui les rend presque tricuspides. Prémolaires, $\frac{2}{3}$, tricuspides, espacées, très-comprimées (fig. 2), la première inférieure à forme peu prononcée, contiguë à la canine; la première supérieure séparée de la canine par un grand espace libre. Molaires $\frac{2}{2}$, fortement comprimées, très-allongées dans le sens antéro-postérieur, peu élevées, très-serrées; les supérieures bilobées à leur bord externe; les inférieures trilobées; la première surtout offrant deux pointes à son éminence médiane et à la postérieure.—Les molaires inférieures sont les plus allongées d'avant en arrière; au premier abord, on les prendrait chacune pour la réunion de deux dents successives). — Lèvre inférieure fendue. Queue nulle (membrane fémorale rudimentaire).

M. nivalis (pl. 20, fig. 2). **Magna et crassa; pedes crassissimi; ala tibiæ inserta, altius quam tarsus; patagium interfemorale valde emarginatum, zonam angustam efficiens in genu latiorem.**

Formes trapues et lourdes; tête grosse; museau allongé, mais médiocrement grêle. Feuille nasale courte et large, aussi large que longue, cordiforme (2*a*). Oreilles médiocres, fortement échancrées à leur bord externe, à extrémité arrondie et dirigée en dehors. Oreillon épais, long, terminé en pointe mousse et portant deux dentelures à son bord postérieur. Pouce fort; pattes très-grosses

(1) Ἰσχνός, *étroit;* γλῶσσα, *langue.*

et trapues, à tarse large; le pied très-gros et trapu. Membrane interfémorale rudimentaire (quoique plus développée que chez l'*Anoura ecaudata*), échancrée angulairement et formant seulement une bande qui borde les jambes et le coccyx, assez large au genou, étroite au tarse et au coccyx. Ailes s'insérant au quart inférieur du tibia.

Longueur du corps depuis le sommet du crâne jusqu'à l'anus	0m,072
Longueur avec la tête étendue	0m,080
Largeur du corps aux épaules	0m,037
Largeur du corps à l'abdomen	0m,034
Longueur de la tête	0m,030
Longueur de l'avant-bras	0m,060
Longueur du tibia	0m,021
Longueur de la membrane interfémorale au coccyx	0m,004
Longueur de la membrane interfémorale au genou	0m,008
Longueur des éperons	0m,003
Longueur de la feuille nasale avec le fer à cheval	0m,006
Largeur de la feuille	0m,0042

Toutes ces mesures ont été prises sur l'animal en chair.

Habite les montagnes du Mexique. J'ai tué ce Glossophage près de la limite des neiges du pic d'Orizaba, au bord d'une forêt de pins.

Cette espèce est très-remarquable par ses formes trapues et par sa taille, qui en fait probablement le plus grand des Glossophages connus. La langue a 28 millimètres de longueur; elle est canaliculée en dessous, très-papilleuse, et dans ses 2/5 terminaux elle est pennée bilatéralement, ses bords étant garnis de papilles qui ressemblent à de longs poils bouclés.

Explication des figures. — Fig. 2, l'espèce de grandeur naturelle; — 2*a*, sa feuille nasale, vue par devant, grossie; — 2*b*, dents incisives et canines grossies; — 2*c*, le crâne vu de profil, de grandeur naturelle; — 2*d*, les mâchoires, vues de profil, grossies.

Genre ANOURA, Gray (*Chœronycteris*, Tschudi).

Dents au nombre de 36, lorsque les incisives ne sont pas tombées; prémolaires, $\frac{3}{3}\frac{3}{3}$; molaires, $\frac{3}{3}\frac{3}{3}$.

(Queue nulle; membrane interfémorale rudimentaire, ne formant qu'une simple bordure aux jambes et au coccyx.)

Le caractère le plus essentiel de ce genre, on peut dire son véritable caractère, ne réside ni dans la forme de la membrane fémorale ni dans le nombre des canines ou des incisives, toujours le même chez les Phyllostomides (1), mais bien dans celui de ses dents molaires, qui est précisément celui qu'on n'avait pas remarqué. Les *Anoura* sont, de toutes les Chauves-Souris, les plus dentées, puisqu'elles possèdent $\frac{6}{6}$ molaires. Sans ce caractère, le genre n'aurait guère qu'une valeur sous-générique.

ANOURA ECAUDATA, Geoff. Supra fusca, subtus pallidior, collo pallide fusco, ventre argentato; patagium femorale rudimentarium, crura marginans.

Petit. Museau très-grêle et allongé; feuille nasale très-petite. Oreilles petites, excisées à leur bord externe. Membrane interfémorale rudimentaire, bordant seulement les cuisses.

Le pelage d'un gris-brun de Souris, un peu argenté sur le ventre et sur les flancs. Les poils de la face dorsale du corps, pâles à la base, brun foncé au bout; ceux de la face ventrale brun foncé, avec le bout argenté ou pâle; ceux de la gorge et du cou unicolores, d'un gris-brun pâle, mais non argentés. Membranes noirâtres, fort peu velues autour du corps.

Je ne suis pas sans conserver quelque doute relativement à l'identité de ce Glossophage avec le *G. ecaudata;*

(1) Il ne semble varier que parce que les incisives sont plus ou moins caduques chez certaines espèces.

la taille de ce dernier est supérieure à celle de nos individus du Mexique, dont les mesures suivent :

Longueur du corps jusqu'au sommet de la tête	0m,044
Longueur de la tête	0m,028
Longueur de l'avant-bras	0m,011
Longueur de la feuille nasale avec le fer à cheval	0m,004
Largeur de la membrane fémorale au genou	0m,003

Habite les régions chaudes et tempérées du Mexique.

PARIS. — IMP. DE Mme Ve BOUCHARD-HUZARD, RUE DE L'ÉPERON, 5. 1860.

A. Lunel del. Lith. Becquet frères. Bocourt sc.

Bassaris sumichrasti. H. de Saussure.

A. Lunel del. Lith. Becquet frères Bocourt lith.

HESPEROMYS.

1. Mexicanus. 2. Sumichrasti, Saus.

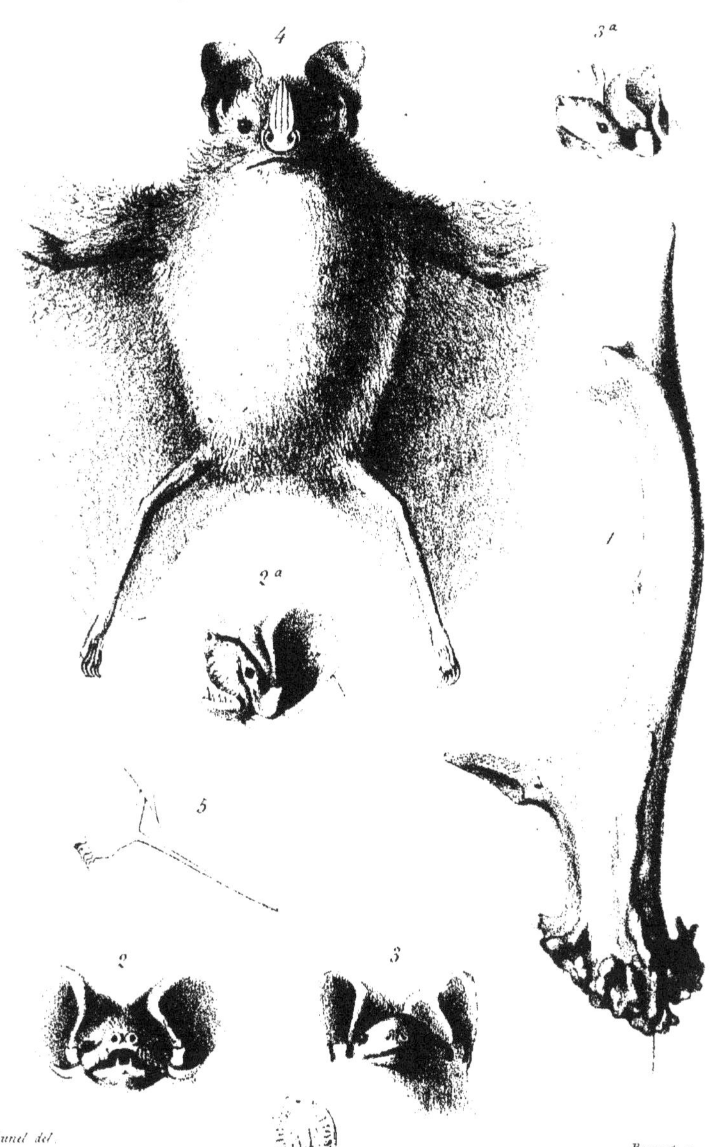

Lunel del. Becourt sc.

1. *Cervus toltecus.*
2. *Dysopes Mexicanus.*
3. *Dysopes aztecus.*
4. *Stenoderma tolteca*, Sauss.
5. *Mormops Blainvillii*, Leich.

Lith. Becquet frères, Paris.

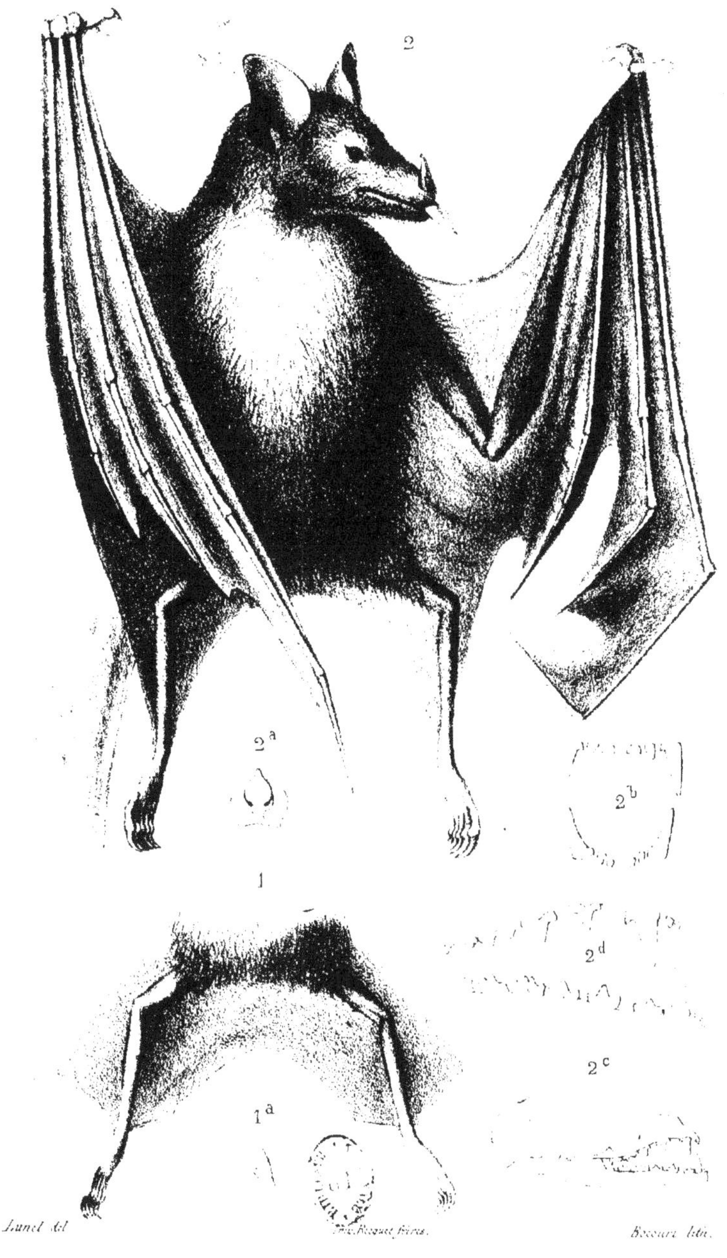

1. Cerollia azteca, Sauss.
2. Ischnoglossa nivalis, Sauss.

www.ingramcontent.com/pod-product-compliance
Ingram Content Group UK Ltd.
Pitfield, Milton Keynes, MK11 3LW, UK
UKHW021116260726
13994UKWH00002B/912

9 782329 324784